萌力膨發
造型饅頭

6大主題 吸睛造型

從基礎技法、電鍋發酵&蒸製，
到揉入自製蔬果泥的各色麵糰、
多種口味內餡，

蒸出視覺味覺雙重享受，
為餐桌注入繽紛樂趣！

張慈芳／著　周禎和／攝影

Perface 作者序

你也能成為造型饅頭達人

因為女兒一句「我想吃手工饅頭」，從此踏上了造型饅頭的創業旅程。

從柬埔寨飄洋過海，在台灣落地生根的我，初心只是為了幫家人在食安問題上把關，沒想到無心插柳，搭上一台美妙人生旅程的後班車，竟然成了造型饅頭的網路創業者，也成為了造型饅頭老師，與社區大學、鄰里締結好緣。

為了展現出好品質，不斷研究和嘗試，經過多次的失敗，剛開始走這條路真的很辛苦，但是有家人及朋友的支持，讓我堅持著，「家」永遠是我最強的靠山，更是我創業的動力。為了圓夢，我決定參加證照考試，經過幾個月的努力苦讀，終於取得丙級技術士證照，也參賽拿到很多的獎項。

我提供畢生所學、分享製作手工造型饅頭及創業的經驗，希望能夠透過開課教學，開創手工造型饅頭的新世代，讓更多人認識它並成為台灣的名產，造福更多養身飲食的同好，幫助長者、新住民女性、專職家管的婦女及二度就業的女性，一同加入製作手工造型饅頭的行列，這是我積極投入社區大學教學的緣由。

爾後許多愛護我的同好鼓勵我出書，讓更多人有機會學習，即便是在家的退休人士，也能與三五好友相互切磋，在邁入高齡社會的台灣，政府積極努力在社區成立「長照街弄照護據點」，為延緩長者失智，尋找多元的生活智慧，而我也能貢獻一己之力。

這是我的第一本書，將毫無藏私地分享製作過程，成功和失敗製作經驗和心得，並從認識材料、手工揉製、天然調色、樣式塑型到保存蒸煮，一連串完整製作流程教學，讓讀者們能清楚認識造型饅頭的製作和可塑性。

學習饅頭製作可以很簡單，完全取用天然食材，養生健康無添加防腐劑和化學添加物，用麵粉加入天然顏色，打造出夢幻、浪漫、卡哇伊、療癒，造型多變豐富的饅頭。

想預備第二專長，動手操作學習的夥伴們，希望透過這本書能解開饅友們的疑惑枷鎖，讓新手讀完很快地成為達人，凝聚溫馨、感情，無時無刻都能享受美味、可愛的造型饅頭。

How to Use This Book
如何使用本書

① 依照材料一覽表的份量,製作出來的成品數量。

② 萌力膨發的造型饅頭成品圖。

③ 連名字都很可愛,此款造型饅頭的名稱。

④ 材料一覽表,用顏色顯眼標示,所需的各色麵糰及材料。

⑤ 此款造型饅頭,所需使用到的工具。

⑥ 此款造型饅頭,各個部分使用的麵糰顏色及份量。

⑦ 流程一覽表,一次掌握製作流程。

NOTE 注意事項
- 本書材料以重量公克（g）表示，但請特別注意重量不等於容量。
- 造型饅頭材料一覽的各色麵糰，需要先參照「揉出繽紛麵糰」揉製成糰。
- 書中使用到多款壓模，只要尺寸相同即可，甚至能以家中現有器具取代。

8 清楚標示目前製作的塑型部位。

9 豐富的步驟圖，按圖索驥，操作不出錯。

10 詳細做法說明，操作確實，成品更可愛。

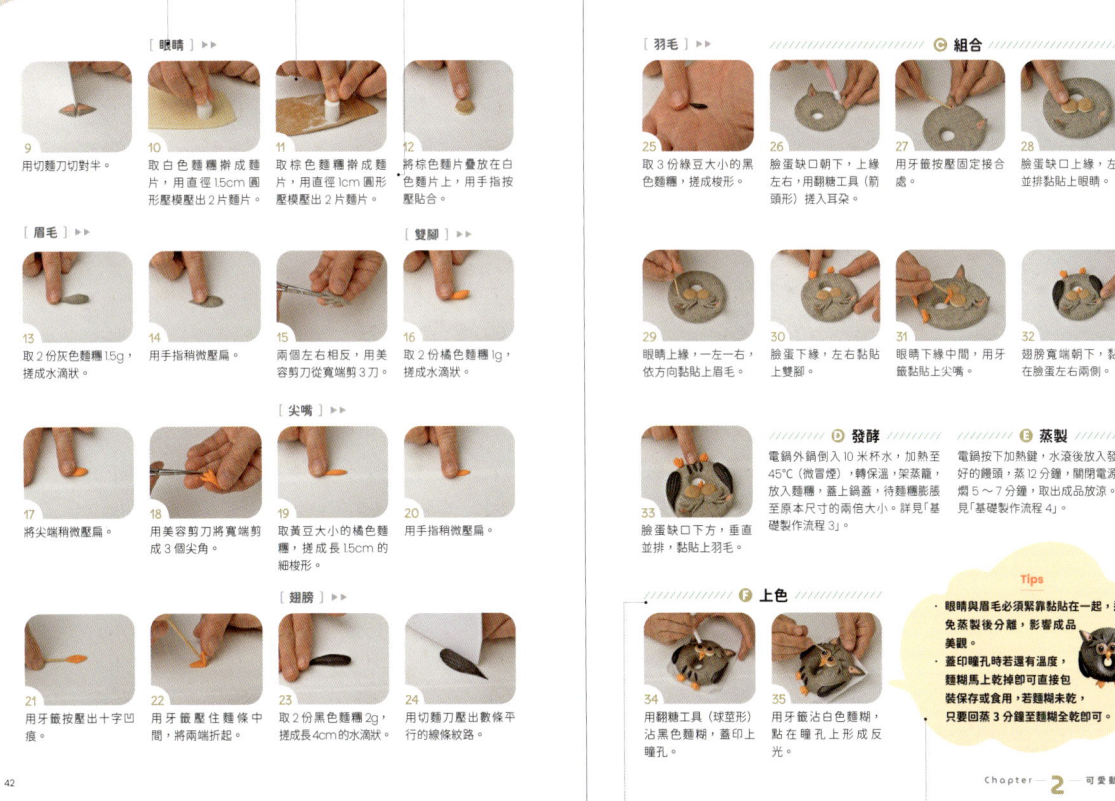

11 目前的流程階段，讓製作過程不混亂。

12 技巧提點與注意事項，讓造型更完美。

Contents 目錄

作者序 你也能成為造型饅頭達人	2
如何使用本書	4
失敗原因解惑 Q&A	186
索 引 造型饅頭難易度一覽表	187
本書使用的基本工具	10
本書使用的基本材料	12

Chapter 1
造型饅頭的基本功　14
歡迎進入造型饅頭可愛繽紛的世界！

基本操作 4 步驟	16
鮮奶刀切饅頭	22
揉出繽紛麵糰	24
不只可愛，更愛「餡」！	30

Chapter 2
可愛動物 —— 34

展開一趟可愛療癒的動物園之旅！

破殼小雞 —— 36
貓頭鷹甜甜圈 —— 40
乳牛甜甜圈 —— 44
叢林小獅王 —— 48
招財貓咪刈包 —— 52
小老鼠雙色饅頭 —— 57
大鼻子粉紅豬豬 —— 62
惹人憐愛小白貓 —— 66

Chapter 3
繽紛花園 —— 72

打造一座生機盎然的繽紛花園！

花園瓢蟲 —— 74
向日葵小蜜蜂 —— 78
浪漫玫瑰 —— 82
蝸牛起士捲 —— 85
百變插花馬卡龍 —— 88

Chapter 4

開心農場 —— 92

耕耘一片活力豐收的開心農場！

黑美人西瓜 —————————— 94
新鮮火龍果 —————————— 98
松鼠最愛玉蜀黍 ———————— 102
胡蘿蔔抱抱兔 ————————— 108
千層螺旋花包 ————————— 112

Chapter 5

西方節慶 —— 116

為餐桌增添異國情調與歡樂氣息！

聖誕老公公刈包 ———————— 118
聖誕馴鹿 ——————————— 123
聖誕花圈 ——————————— 128
聖誕雪人 ——————————— 133
萬聖節南瓜 —————————— 138

Chapter 6

中式節慶 —— 142

揉捏出喜悅祝福的傳統節慶韻味！

舞獅刈包	144
財神爺刈包	149
中秋月餅	154
招財福袋	157
櫻花壽桃	160

Chapter 7

大快朵頤 —— 164

變身令人垂涎欲滴的食物造型饅頭！

馬卡龍	166
一口 QQ 軟糖	168
奶油杯子蛋糕	171
捲捲棒棒糖	174
美式熱狗堡	177
夏日西瓜冰棒	180
永浴愛河雪糕	183

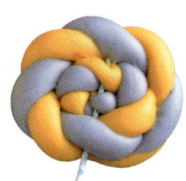

······· Tools ·······

本書使用的基本工具

擀麵棍
製作造型饅頭的必備工具，用於將麵糰擀平至所需的厚度，方便塑型。

切麵刀
主要用來分切麵糰，但也能將麵糰切成想要的造型，或是稍微壓扁麵糰，達到塑型的效果。

蒸籠
分為竹製、不銹鋼兩種，用來發酵及蒸製饅頭。架蒸籠以兩層為限，才不會影響成品的狀態。

蒸籠布
如沒用饅頭紙，蒸籠底部要墊上棉布。或是用不銹鋼蒸籠，鍋蓋必須綁上蒸籠布，避免滴水浸濕成品。

饅頭紙
塑型好的麵糰要放在饅頭紙上再放入蒸籠中，才不會沾黏在蒸籠上，以及避免被蒸汽浸濕影響口感。饅頭紙的尺寸至少是麵糰滾圓後直徑的 2 倍大。

量匙
用來舀取少量材料。一組共 4 支，分別為：1 大匙 15cc、1 小匙 5cc、1/2 小匙 2.5cc、1/4 小匙 1.25cc。

長尺
用於測量麵片尺寸的器具，以確保塑型的尺寸一致，讓成品更整齊美觀。

桌上型攪拌機
用槳狀攪拌器將混合材料至成麵糰，還能加裝壓麵器，讓擀壓麵片更省力。

電鍋
發酵、蒸製饅頭的好工具，電鍋能穩定保持溫度幫助發酵，如是水鍋加熱，就需要隨時注意水溫。

 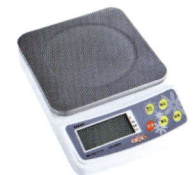  

計時器
能精確掌握麵糰發酵、蒸製的時間，避免過度或不足，確保口感與外觀完美呈現。

電子秤
用來秤量材料的重量，由於造型饅頭有時麵糰較輕，因此建議挑選能稱重到 0.1g 的電子秤。

噴水瓶
麵糰表面表皮乾燥時，可以噴少許的水增加濕潤度，能讓麵糰更好黏貼。

水彩筆刷
製作造型饅頭時，經常要使用筆刷在麵糰表面刷水幫助黏合，或是沾墨汁上色。筆桿也能用來搓滾麵糰，達到塑型效果。

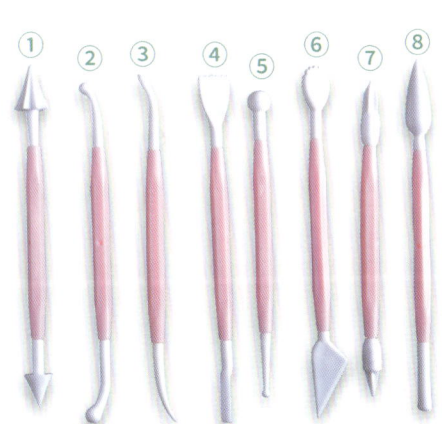

翻糖工具組
用於麵糰塑形的工具，各別有不同功能，依序為①星形&錐體形②骨形③葉片形④鏟形⑤圓球形⑥貝殼形&刀形⑦箭頭形⑧圓錐形&球莖形。

 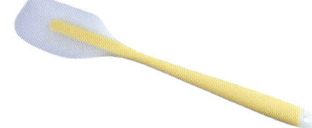 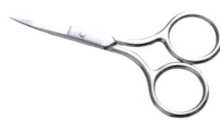

瓶蓋壓模&筆桿
各種尺寸、造型的壓模，可以將麵糰壓出所需的形狀，也能使用同尺寸的瓶蓋取代。不同粗細的筆桿也能用來搓揉出所需的造型。

橡皮刮刀
其柔軟材質能貼合容器邊緣，用於刮取鋼盆內的麵糰，或是攪拌混合材料。

美容剪刀
美容剪刀刀尖細緻，可以將麵糰剪出絨毛、鬃毛等造型，讓成品更加生動精巧。

Tools 本書使用的基本工具

Ingredients
本書使用的基本材料

中筋麵粉

製作饅頭的主要材料,由小麥研磨加工而成,每種麵粉保留不同的蛋白質、灰粉、水份、澱粉等成份,筋度及韌性有所不同,大致分為高筋麵粉、中筋麵粉、低筋麵粉,製作而成的麵糰及成品口感也會不同,其中筋度最適合用來製作包子、饅頭的是中筋麵粉或粉心粉。

酵母

酵母是一般常用的天然膨大劑,分為新鮮酵母、乾燥酵母和即溶酵母。不同種類的酵母,製作饅頭時添加的份量也會有差異,分別為新鮮酵母:乾燥酵母:即溶酵母 =3:2:1。慈芳老師多年以來都是選用法國高糖即溶酵母,它不僅易溶解,活性穩定度也比較好,而且方便保存,是造型饅頭新手最好的選擇。

細砂糖

為精製糖,蔗糖純度約 99.6% 以上,結晶顆粒細小,溶解快速且均勻。細砂糖在饅頭麵糰中有許多功用,不但有供給酵母養分的作用,還能為饅頭增添甜味、風味,增加麵糰柔軟度,延緩麵糰老化,使成品柔軟光滑細緻。

全脂鮮奶

牛奶是天然的乳化劑,而慈芳老師為女兒和家人的健康著想,製作饅頭都以全脂鮮奶來代替水,因為全脂鮮奶有豐富的鈣質,營養成份佳又帶有奶香,能增加饅頭的美味度,而且能讓造型饅頭的外觀白皙有光澤。鮮乳務必冷藏保存,以維持品質並可控制攪拌後的麵糰溫度。

天然健康油

油脂是中式麵食不可缺的材料,添加油脂主要的功能是使成品細緻柔軟,增加香氣光澤度,以及延緩澱粉老化,延長保存期限。慈芳老師基於健康考量會選用純橄欖油,讀者可以依個人喜愛挑選液體油品或固體油品即可,但必須注意,不能選用味道過於嗆鼻的油品,會影響到饅頭的香氣和味道!

> **NOTE 注意事項**
> - 以手揉方式製作麵糰,若是選用固體油品,建議先隔水加熱至溶解再混合,才比較容易拌揉均勻。

天然食用色素粉

為補足天然蔬果泥顏色不夠飽和的問題,稍微加入一點天然食材的天然食用色素粉做為輔助,這樣美好的顏色,每一口都可以放心吃。購買時請留意包裝標示,避免有添加化學色素。天然食用色素粉不用放冰箱,只要密封放置常溫陰涼處即可。

Ingredients 本書使用的基本材料

14

Chapter

1

基本功
造型饅頭的

歡迎進入
造型饅頭
可愛繽紛的
世界！

　　從製作饅頭最基礎的四個操作步驟，一步步掌握所有關鍵訣竅，並學會如何製作鬆軟可口的鮮奶刀切饅頭。然後在揉捏可愛的造型之前，學會運用天然食材打成蔬果泥與天然食用色素粉，揉出多款五彩繽紛的麵糰，為造型饅頭打下鮮豔的底色。不只如此！還要為饅頭包入紅豆內餡、紅豆沙餡、加椰醬餡、芝麻內餡、棗式豆沙餡等美味餡料，讓可愛的外表下更添豐富滋味。準備好了嗎？讓我們一起打穩紮實的基本功，開啟這段充滿樂趣的造型饅頭創作之旅吧！

Basic Operations
基本操作 4 步驟

步驟1　材料混合 & 攪拌

////////////////////////// **手揉做法** //////////////////////////

1
取鋼盆，先加入液體材料（如鮮奶、豆漿、蔬菜泥等），再加入酵母，攪拌均勻。然後，加入細砂糖，攪拌至融解。

2
加入中筋麵粉，攪拌至呈碎糰狀。倒入橄欖油，攪拌至成糰，完全吸收。

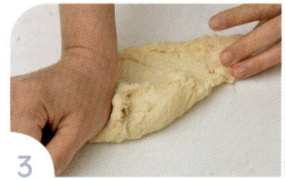

3
取出麵糰置於桌面，用手腕搓揉，搓揉至麵糰表面光滑。

4
裝入透明塑膠袋，放入冰箱冷藏鬆弛 5 分。

////////////////////////// **機器做法** //////////////////////////

1
取攪拌缸，先加入液體材料（如鮮奶、豆漿、蔬菜泥等），再加入酵母，攪拌均勻。然後，加入細砂糖，攪拌至融解。

2
加入中筋麵粉，攪拌至呈碎糰狀。倒入橄欖油，攪拌至成糰，完全吸收。

3
以中速攪拌 7～10 分鐘至麵糰光滑。

4
裝入透明塑膠袋，放入冰箱冷藏鬆弛 5 分。

Tips
- 以麵糰重量多寡，決定選用鉤型或槳狀的攪拌鉤。
- 攪拌時間為參考值，請視麵糰重量多寡、狀態，斟酌調整。

步驟 2　整型 & 分割

////////////////////////////// **手揉做法** //////////////////////////////

1

將擀麵棍放在麵糰上中間。

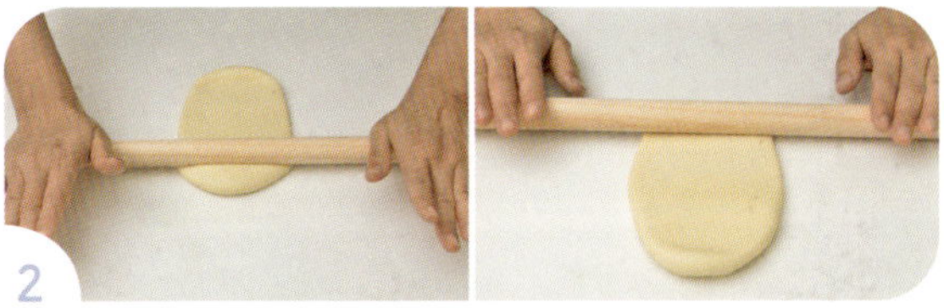

2

雙手壓在擀麵棍左右兩端，上下擀開。

3

延壓擀成長方型。

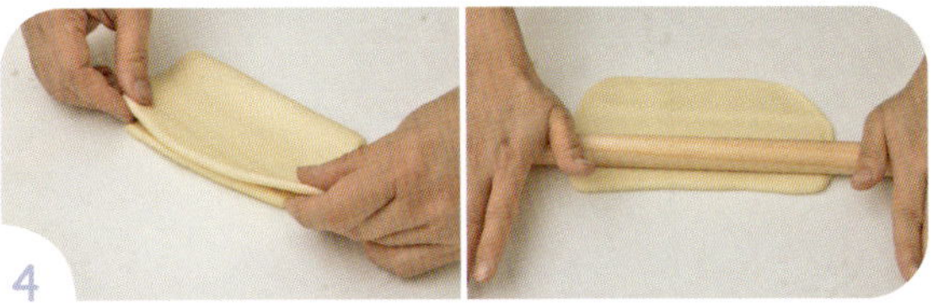

4

對折，再擀成長方型，重複動作至麵糰光滑無氣泡。

5

將麵片下方稍微擀薄。

6

麵片表面噴水。

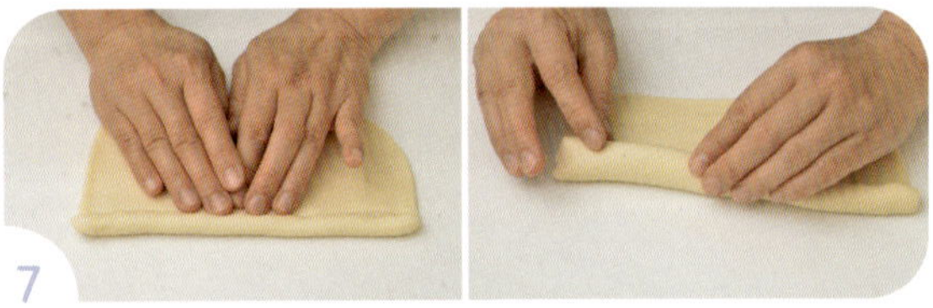

7

由上往內捲起，手指壓實，捲成圓柱狀。

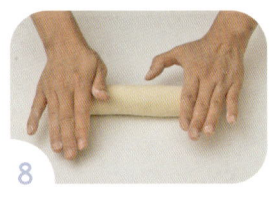

8

稍微滾平整，撒上少許手粉。

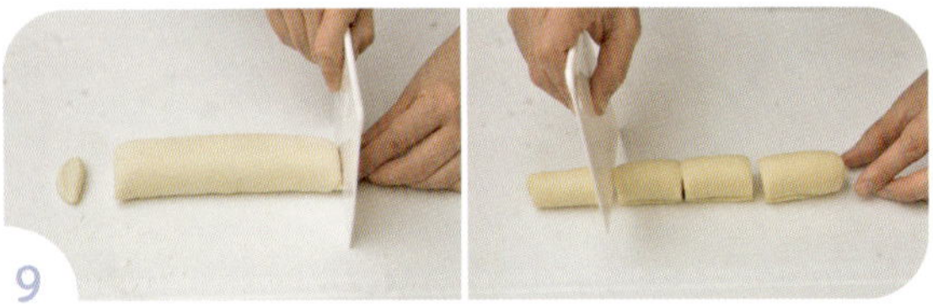

9

用切麵刀將左右兩端不整齊處切除約 1cm，再分割成需要的數量。

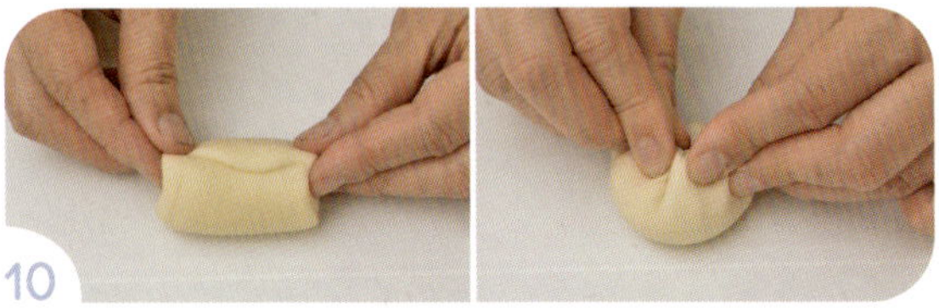

10

用手指將麵糰由外往中間收口捏緊。

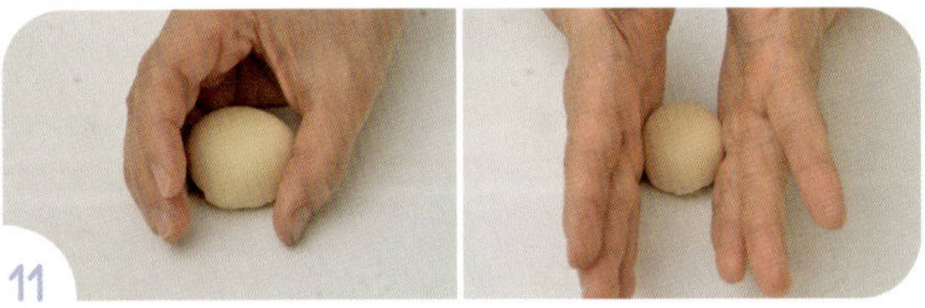

11

用手掌虎口，貼在桌面，將麵糰滾圓，再用雙手將麵糰稍微搓成高。

12

放在饅頭紙上，排列整齊，放入蒸籠發酵。

Chapter 1 — 造型饅頭的基本功　17

機器做法

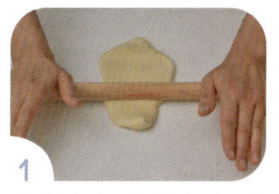

1
將擀麵棍放在麵糰上中間,雙手壓在擀麵棍左右兩端,稍微擀開。

2
將麵糰慢慢放入壓麵機,壓延。

3
桌面、麵片撒上少許手粉(高筋麵粉)。

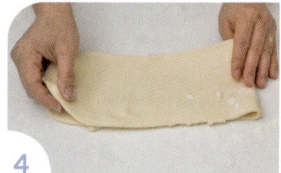

4
將麵片對折再放入壓麵機壓延,重複動作約10次至麵片光滑。

5
將麵片下方稍微擀薄。

6
麵片表面噴水。

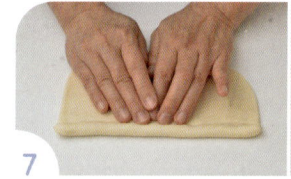

7
由上往內捲起,手指壓實,捲成圓柱狀。

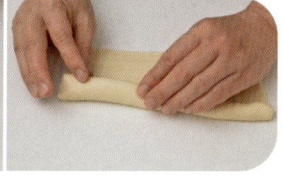

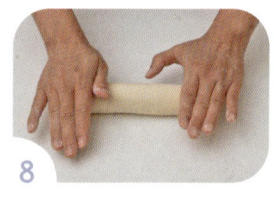

8
稍微滾平整,撒上少許手粉。

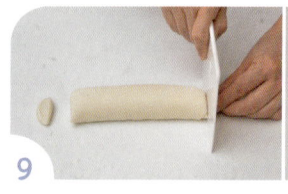

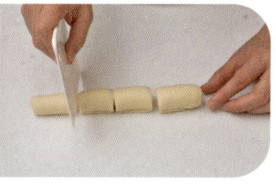

9
用切麵刀將左右兩端不整齊處切除約1cm,再分割成需要的數量。

10
用手指將麵糰由外往中間收口捏緊。

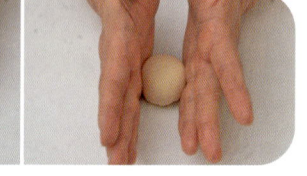

11
用手掌虎口,貼在桌面,將麵糰滾圓,再用雙手將麵糰稍微搓成高。

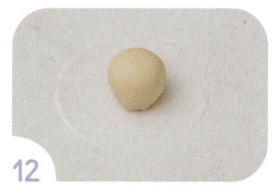

12
放在饅頭紙上,排列整齊,放入蒸籠發酵。

步驟 3　發酵

酵母是一種菌種，在 30～38℃的環境下成長活力最好，約 35～45 分鐘會發酵完畢，視天氣冷熱狀況，斟酌增減 0.5%～1% 的酵母量來控制發酵。

> **給新手的建議**
> 最佳的環境溫度在 18～22℃，在此溫度下，酵母活性微弱，菌種發酵時間延長，新手們比較不會那麼慌忙，可以好好的玩更精緻的花樣造型！

發酵方式

- **水溫發酵**

鍋子倒入約半鍋的水，加熱至 45℃（微冒煙狀態）。放上蒸籠，放入整型完成的麵糰，利用溫水的溫度和濕氣進行發酵。

- **烤箱發酵**

烤箱放入一碗熱水，補助烤箱濕氣，以上下火 35～40℃預熱，溫度穩定後，關閉烤箱電源，放入整型完成的麵糰，進行發酵。

- **發酵箱**

設定溫度 30～35℃，濕度 85%，放入整型完成的麵糰，進行發酵約 35～40 分鐘即可。

- 夏天時可置於室溫發酵即可。

發酵測試

- **視覺判斷**

成品膨脹至原本尺寸的兩倍大小。

- **手指按壓**

視覺判斷後，可用手指輕輕按壓，會緩慢回彈，表示發酵完畢。酵母發酵會產生二氧化碳，使成品體積變大，重量變輕，如綿花一般。

- **藥水杯檢視法**

取主體麵糰 15g，揉至光滑的圓形，放入 20ml 的藥水杯，壓平麵糰，將藥水杯與成品置於相同的環境，一起進行發酵，待麵糰發酵至藥水杯口，表示發酵完成。

步驟 4　蒸製

🔥 爐火

1. 鍋子倒入約半鍋的水,以大火煮滾。
2. 轉中小火,放上蒸籠,放入發酵好的造型饅頭,蒸 12 分鐘。
3. 關火,燜 5～7 分鐘,取出成品。

電鍋

1. 電鍋外鍋加入 10 米杯的水,按下電源鍵,加熱至水滾。
2. 放上蒸籠,放入發酵好的造型饅頭,蒸 12 分鐘。
3. 關閉電源,燜 5～7 分鐘,取出成品。

Tips

- 關關火後請勿馬上打開鍋蓋,必須燜一下,避免熱漲冷縮使成品收縮。
- 若選用不銹鋼蒸籠,鍋蓋請務必包上粿巾,鍋蓋與蒸籠間插入筷子,讓水蒸氣往外流出,防止水珠滴到饅頭上,造成表面皺皮或濕爛。

Box ─ 保存方式 & 覆熱

冷卻保存：

- 成品起鍋後,放涼冷卻,裝入容器或透明包裝袋封閉,放入冰箱冷藏或冷凍保存。保存期限冷藏 3 天；冷凍 1 個月。

回蒸覆熱：

- 電鍋：外鍋倒入 2 杯水,放入墊高蒸架,再放入蒸盤,將饅頭排列整齊,蓋上鍋蓋並插入一根筷子,蒸煮 7～10 分鐘即可。
- 蒸籠：饅頭排列整齊在蒸籠內,將鍋子倒入約半鍋的水,以大火煮滾,放入蒸籠,轉中火蒸煮 7～10 分鐘即可。

Box — 麵糊 & 墨汁應用

❶ 黏貼生麵糰時，必須透過刷水、噴水讓麵糰產生黏性，才能確實黏貼固定；
❷ 如果是蒸熟的饅頭，則必須透過「三秒膠麵糊」將兩者黏貼固定。

 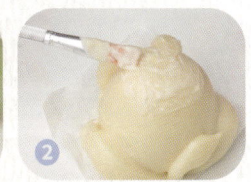

❓ 如何製作「三秒膠麵糊」

- **材料**：鮮奶（或水）10g、中筋麵粉 10g
- **做法**：將所有材料混合均勻即可。將蒸熟的饅頭透過麵糊黏貼在一起，再回蒸 3 分鐘即可固定。

❓ 如何製作「黑色麵糊」

- **材料**：鮮奶（或水）5g、中筋麵粉 3g、竹碳粉 2g
- **做法**：將所有材料混合均勻即可。用於蒸製完成的成品，上色點綴眼睛或文字裝飾等。

❓ 如何製作「白色麵糊」

- **材料**：鮮奶（或水）5g、中筋麵粉 4g、白色食用色素液 2g
- **做法**：將所有材料混合均勻即可。用於蒸製完成的成品，上色點綴裝飾白點或透光眼瞳等。

Tips
- 麵糊放置過久就會乾掉，此時必須添加液態材料拌勻，才能重複使用。

❓ 如何製作「各色墨汁」

- **材料**：鮮奶（或水）5g、食用色素粉 2g
- **做法**：將所有材料混合均勻即可。依當下需求加入不同顏色的食用色素粉，用於生麵糰表面著色。

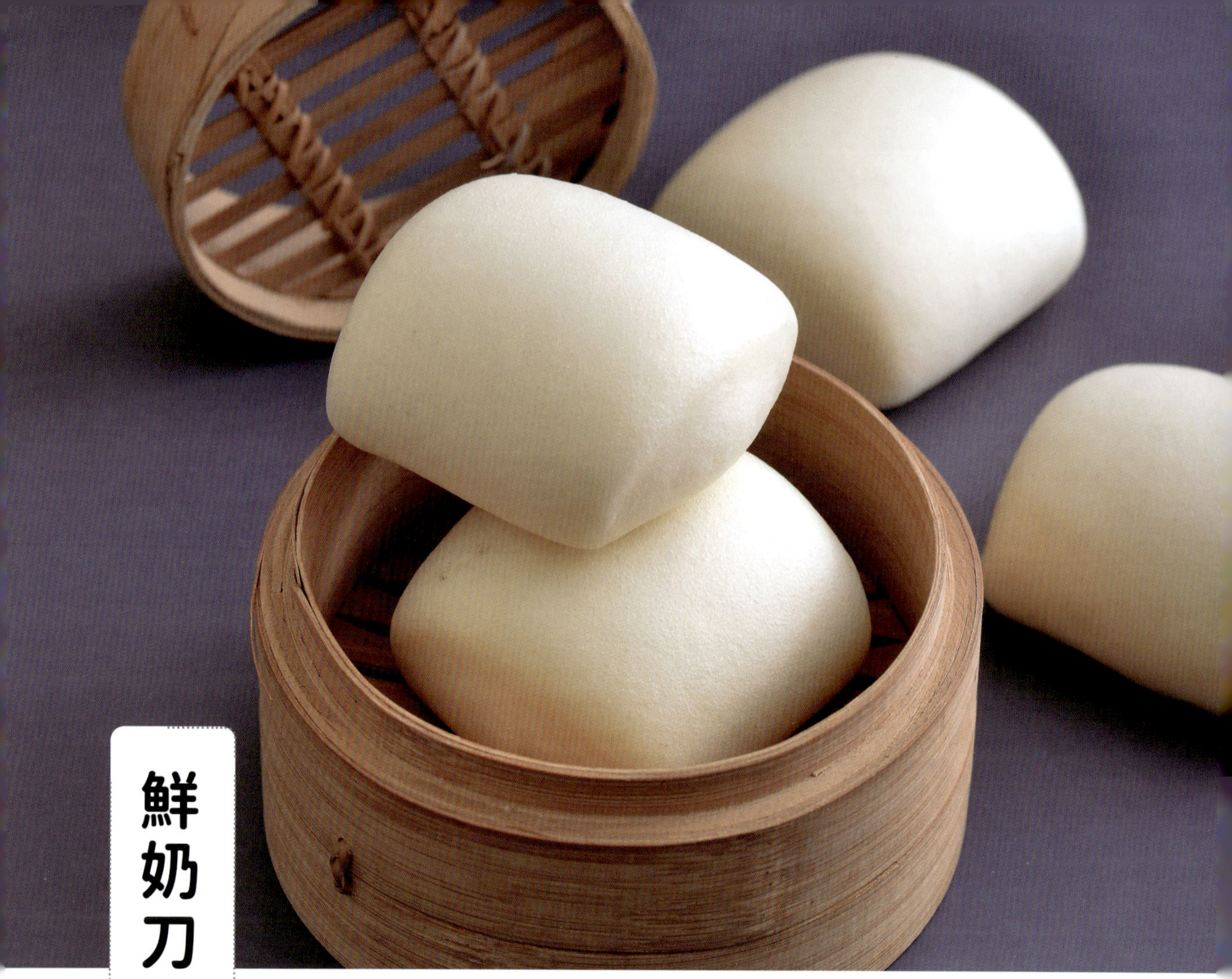

鮮奶刀切饅頭

成品份量×4個

材料 Ingredients
○ 白色麵糰 220g

工具 Tools
擀麵棍、切麵刀、量尺、蒸籠

流程 塑型 → 分割 → 發酵 → 蒸製

A 塑型

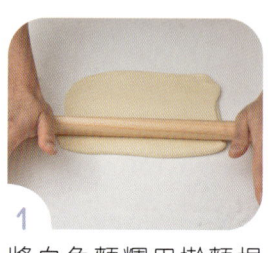

1 將白色麵糰用擀麵棍擀平。

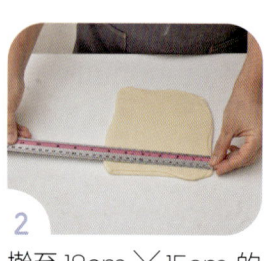

2 擀至 18cm × 15cm 的長方形。

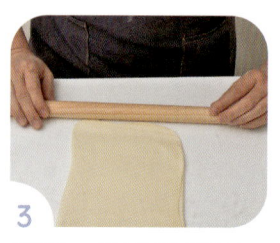

3 翻面，光滑面朝下，下方接口處稍微擀薄。

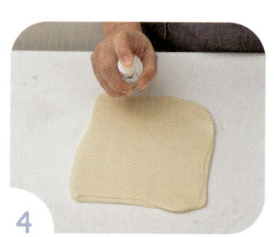

4 麵片表面噴水。

5 由上方捲起並以手指壓緊,重複動作一次。

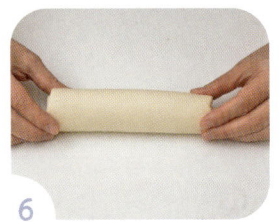

6 往下捲起(不必捲太緊)成圓柱狀。

7 將接口處捏合收緊。

8 撒上少許手粉(高筋麵粉)。

///// Ⓑ **分割** /////

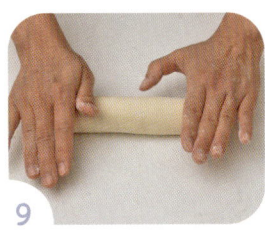

9 用雙手掌心將麵糰向左右搓長。

10 搓長至 19cm 的圓柱狀。

11 將接口處朝下,用切麵刀稍微壓扁。

12 用切麵刀將麵糰左右兩端不整齊處,切除約 1cm。

13 間隔約 4.5cm 平均分切成 4 等份。

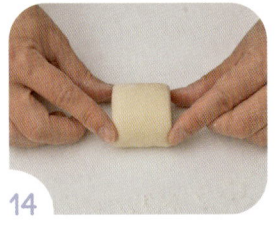

14 將四個稜角稍微往內收。

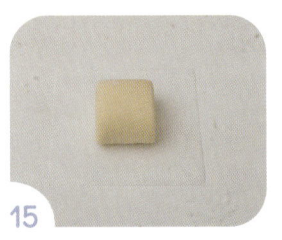

15 放在饅頭紙上。

16 等距排列放入蒸籠。

///////// Ⓒ **發酵** /////////　　//// Ⓓ **蒸製** ////

17 電鍋外鍋倒入 10 米杯水,按下加熱鍵約 1 分鐘,加熱至 45℃(微冒煙狀態),轉保溫,放上蒸籠,蓋上蓋子。

18 待麵糰膨脹至原本尺寸的兩倍大小,詳見「基礎操作步驟 3」。

19 電鍋按下加熱鍵,放上蒸籠,水滾後放入發酵好的饅頭,蒸 12 分鐘,關閉電源,燜 5～7 分鐘,詳見「基礎操作步驟 4」。

Tips

麵片噴水時,不要噴過多水,讓麵片有黏性即可,避免太濕導致麵片太滑捲不起來。

揉出繽紛麵糰
Colorful Dough

造型饅頭色澤繽紛，但五顏六色的麵糰是如何製作的呢？調色最佳百分比大公開！除了來自蔬菜泥的亮麗顏色，忙碌的饅友們沒空製作蔬菜泥也沒關係！使用天然食用色素粉來調色也不成問題，讓你有多種選擇。此調色比例的顏色比較鮮豔亮麗，若要製作淡色或深色，可以減少或增加色粉重量來調整。

綠色麵糰 / Green Dough

用「菠菜泥」百分比

原料名稱	菠菜泥	速溶酵母	細砂糖	中筋麵粉	橄欖油	總計
百分比(%)	55g	1g	15g	100g	7g	178g

用「抹茶粉」百分比

原料名稱	抹茶粉	全脂鮮奶	速溶酵母	細砂糖	中筋麵粉	橄欖油	總計
百分比(%)	2g	55g	1g	15g	100g	7g	180g

做法

1. 取鋼盆，加入液體材料、酵母拌勻。加入細砂糖攪拌至融解。加入乾粉材料攪拌至呈碎糰狀。倒入橄欖油攪拌至成糰完全吸收。

2. 取出麵糰置於桌面，用手腕搓揉，搓揉至麵糰表面光滑。

• 製作「菠菜泥」

材料 新鮮菠菜 500g、鮮奶（或水）150g

做法

1. 新鮮菠菜清洗乾淨，再切成約1公分段。

Tips
- 波菜份量的多寡和選用清水或牛奶，都會影響成品的顏色深淺。

2. 放入調理機，以菠菜 500g 倒入鮮奶 150g（或水），攪打成細緻的菜泥，呈現能緩慢滴落即可。

Yellow Dough

黃色麵糰

用「南瓜泥」製作百分比

原料名稱	南瓜泥	速溶酵母	細砂糖	中筋麵粉	橄欖油	總計
百分比(%)	60g	1g	10g	100g	7g	178g

用「南瓜粉」製作百分比

原料名稱	南瓜粉	全脂鮮奶	速溶酵母	細砂糖	中筋麵粉	橄欖油	總計
百分比(%)	3g	55g	1g	15g	100g	7g	181g

做法

1. 取鋼盆，加入液體材料、酵母拌勻。加入細砂糖攪拌至融解。加入乾粉材料攪拌至呈碎糰狀。倒入橄欖油攪拌至成糰完全吸收。

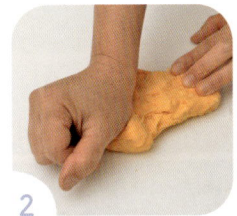

2. 取出麵糰置於桌面，用手腕搓揉，搓揉至麵糰表面光滑。

• **製作「南瓜泥」**

材料 新鮮南瓜 500g、鮮奶（或水）200g

做法

1. 南瓜削皮切成丁，放入電鍋蒸熟。

2. 將蒸熟的南瓜放入調理機，加入鮮奶，攪打成細緻的南瓜泥，呈現能緩慢滴落即可。

Tips

- 新鮮南瓜 500g 為削皮、去籽後的果肉淨重。
- 南瓜大致分成綠皮和黃皮、長型與扁平兩種，長型外皮呈藍色，跟麵粉混合會變成淡淡的黃色，如果選用扁平的南瓜，色澤呈現比較金黃色。
- 兩種品種含水量也不相同，當完成攪拌階段時，可自行判斷須加入多少鮮奶，做為液體混合物，讓其緩慢徐徐滴落。

Orange Dough

橘色麵糰

 用「紅蘿蔔泥」百分比

原料名稱	紅蘿蔔泥	速溶酵母	細砂糖	中筋麵粉	橄欖油	總計
百分比 (%)	60g	1g	10g	100g	7g	178g

 用「黃金起司粉」百分比

原料名稱	黃金起司粉	全脂鮮奶	速溶酵母	細砂糖	中筋麵粉	橄欖油	總計
百分比 (%)	2g	55g	1g	15g	100g	7g	180g

做法

1. 取鋼盆，加入液體材料、酵母拌勻。加入細砂糖攪拌至融解。加入乾粉材料攪拌至呈碎糰狀。倒入橄欖油攪拌至成糰完全吸收。

2. 取出麵糰置於桌面，用手腕搓揉，搓揉至麵糰表面光滑。

• **製作「紅蘿蔔泥」**

材料 新鮮紅蘿蔔 500g、鮮奶（或水）200g

做法

1. 紅蘿蔔削皮切成丁，放入電鍋蒸熟。

2. 將蒸熟的紅蘿蔔放入調理機，加入鮮奶，攪打成細緻的紅蘿蔔泥，呈現能緩慢滴落即可。

Tips

- 選用紅蘿蔔揉製成橘色麵糰，除了將紅蘿蔔蒸熟後，用調理機攪打成紅蘿蔔泥之外，也可以使用榨汁機，將紅蘿蔔榨成紅蘿蔔汁，當做液體材料揉入麵糰。
- 若選用紅蘿蔔當液體材料，原料百分比比紅蘿蔔泥減少 5g 即可。

Purple Dough

紫色麵糰

 用「紫薯泥」百分比

原料名稱	紫薯泥	速溶酵母	細砂糖	中筋麵粉	橄欖油	總計
百分比(%)	60g	1g	15g	100g	7g	183g

 用「紫地瓜粉」百分比

原料名稱	紫地瓜粉	全脂鮮奶	速溶酵母	細砂糖	中筋麵粉	橄欖油	總計
百分比(%)	3g	55g	1g	15g	100g	7g	181g

做法

1. 取鋼盆，加入液體材料、酵母拌勻。加入細砂糖攪拌至融解。加入乾粉材料攪拌至呈碎糰狀。倒入橄欖油攪拌至成糰完全吸收。

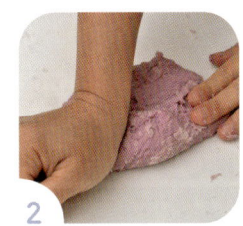

2. 取出麵糰置於桌面，用手腕搓揉，搓揉至麵糰表面光滑。

● **製作「紫薯泥」**

材料 新鮮紫薯 500g、鮮奶（或水）350～400g

做法

1. 紫薯放入電鍋蒸熟，去皮切成丁狀。

2. 放入調理機，加入鮮奶，攪打成細緻的紫薯泥，呈現能緩慢滴落即可。

Tips

■ 紫薯因產地、品種不同，含水量也不相同，必須自行判斷，斟酌添加的鮮奶份量，讓其能緩慢滴落即可。另外，色澤也會有深淺的差異。

棕色麵糰

用「焦糖漿」百分比

原料名稱	焦糖漿	全脂鮮奶	速溶酵母	中筋麵粉	橄欖油	總計
百分比(%)	20g	45g	1g	100g	7g	173g

用「無糖可可粉」百分比

原料名稱	無糖可可粉	全脂鮮奶	速溶酵母	細砂糖	中筋麵粉	橄欖油	總計
百分比(%)	3g	55g	1g	15g	100g	7g	181g

做法

1. 取鋼盆，加入液體材料、酵母拌勻。加入細砂糖攪拌至融解。加入乾粉材料攪拌至呈碎糰狀。倒入橄欖油攪拌至成糰完全吸收。

2. 取出麵糰置於桌面，用手腕搓揉，搓揉至麵糰表面光滑。

● 製作「焦糖漿」

材料 黑糖粉 500g、溫水 300～350cc

做法

1. 冷鍋加入黑糖粉，以中小火加熱，期間不斷攪拌。

2. 待黑糖粉溶解成糊狀，出現滾燙氣泡。

3. 轉中大火，不停快速攪拌，一邊分次加入溫水。

4. 待變成咖啡色液態狀，關火靜置即可。

Tips

- 經過多年研究，個人覺得用黑糖粉與水混合，加入麵粉使其染色，這種做法無法讓饅頭的顏色漂亮、香氣濃郁，建議要煮成焦糖醬。

白色麵糰

 用「鮮奶」百分比

原料名稱	全脂鮮奶	速溶酵母	細砂糖	中筋麵粉	橄欖油	總計
百分比(%)	55g	1g	15g	100g	7g	178g

黑色麵糰

用「竹碳粉」百分比

原料名稱	竹碳粉	全脂鮮奶	速溶酵母	細砂糖	中筋麵粉	橄欖油	總計
百分比(%)	1g	55g	1g	15g	100g	7g	179g

灰色麵糰

 用「黑芝麻粉」百分比

原料名稱	黑芝麻粉	全脂鮮奶	速溶酵母	細砂糖	中筋麵粉	橄欖油	總計
百分比(%)	8g	55g	1g	15g	100g	7g	186g

藍色麵糰

 用「蝶豆花粉」百分比

原料名稱	蝶豆花粉	全脂鮮奶	速溶酵母	細砂糖	中筋麵粉	橄欖油	總計
百分比(%)	1.5g	55g	1g	15g	100g	7g	179.5g

Tips
- 黑芝麻粉若顏色不夠深，可加入 0.5% 的竹炭粉。

紅色麵糰

 用「紅麴粉」百分比

原料名稱	紅麴粉	全脂鮮奶	速溶酵母	細砂糖	中筋麵粉	橄欖油	總計
百分比(%)	1.5g	55g	1g	15g	100g	7g	179.5g

膚色麵糰

 用「紅麴粉」百分比

原料名稱	紅麴粉	全脂鮮奶	速溶酵母	細砂糖	中筋麵粉	橄欖油	總計
百分比(%)	0.3g	55g	1g	15g	100g	7g	178.5g

Filling
不只可愛，更愛「餡」！

造型饅頭的魅力，不只在可愛的外表，更要用豐富多變的內餡擄獲所有人的味蕾。從經典款到獨特口味，分享自製美味內餡的訣竅，輕鬆打造獨一無二的內在滋味。讓大人小孩、親朋好友，一口咬下發「餡」驚喜！

> **給新手的建議**
> 所有內餡製作完畢，建議請放入冰箱冷藏或冷凍1天凝固，再分割使用，會比較好操作。

餡 #1　紅豆內餡

材料　9號紅豆 500g、細砂糖 220g、鹽 1g

1 將紅豆倒入鍋中，加入水至淹沒紅豆粒，約高於紅豆粒10公分。

2 開火煮滾，撈除浮在水面上的紅豆。

3 將紅豆清洗乾淨，瀝乾。

4 放入壓力鍋，加入水至淹沒紅豆粒，約高於紅豆粒5公分。

5 熬煮至紅豆熟透，但仍保留完整顆粒的狀態。

6 將紅豆湯輕輕過濾倒掉。

7 趁熱加入細砂糖、鹽，用長筷輕輕拌勻，放涼冷卻即可。

Tips
- 水煮浮在水面的，是空心或不健康的紅豆，所以要將其撈除。

餡 #2　紅豆沙餡

材料　9 號紅豆 500g、細砂糖 180g、鹽 1g、麥芽糖 50g、玉米油 100g

1
將紅豆倒入鍋中，加入水至淹沒紅豆粒，約高於紅豆粒 10 公分。

2
開火煮滾，撈除浮在水面上的紅豆。

3
將紅豆清洗乾淨，瀝乾。

4
放入壓力鍋，加入水至淹沒紅豆粒，約高於紅豆粒 5 公分。

5
熬煮至紅豆熟透軟爛。

6
將紅豆湯輕輕過濾倒掉 1/3。

7
趁熱加入細砂糖、鹽攪拌均勻。

8
放入調理機攪打成細緻泥狀。

9
將紅豆泥用濾網過篩，使紅豆口感更加綿密。

10
將紅豆泥倒入不沾鍋，以小火不斷攪拌，待紅豆泥收乾水份，接近濃稠糊狀。

11
加入麥芽糖，繼續攪拌至接近冰淇淋狀態。

12
分次加入玉米油，繼續攪拌至光亮冰淇淋狀即可。

完成紅豆沙餡！

Chapter 1　造型饅頭的基本功

餡 #3　咖椰醬餡

完成咖椰醬餡！

材料　香蘭葉 2 片、水 150g、粽櫚糖 110g、鹽 1g、蛋黃 4 粒、椰奶漿 110g、糯米粉 10g、吉利丁粉 4g

1
香蘭葉清洗乾淨，打結綁起，備用。

2
水 100g 煮沸，加入粽櫚糖、鹽拌匀，煮至金色微濃稠狀。

3
關火，靜置降溫至約 50°C。

4
米粉加水 50g 拌匀成糊，備用。

5
蛋黃打散成蛋液，倒入做法 3，加入椰奶漿，攪拌均匀。

6
加入糯米粉糊、吉利丁粉，攪拌均匀，過篩。

7
放入香蘭葉結，隔水加熱至膏狀，放涼冷卻即可。

Tips
- 建議新手可以取需要的份量，滾成圓形，放入冷凍定型，會比較好操作。

餡 #4　芝蔴內餡

材料　芝蔴粉 100g、熟花生仁 30g、細砂糖 50g、無鹽奶油 40g、水 20g

1
無鹽奶油隔水加熱成液態，備用。

2
取調理機，加入芝蔴粉、熟花生仁，攪打均匀成粉狀。

3
裝入調理盆，加入細砂糖、無鹽奶油、水，攪拌均匀即可。

Tips
- 熟花生仁也可以用花生粉取代。

餡 #5　柬式豆沙餡

材料　香蘭葉 2 片、綠豆仁 200g、水 150g、椰子漿 150g、椰子肉 30g、棕櫚糖 65g、鹽 1g

1
香蘭葉清洗乾淨，打結綁起，備用。

2
綠豆仁泡水（份量外）4 個小時。

3
將綠豆仁多次清洗，去掉豆味，瀝乾水份。

4
放入電鍋，加入香蘭葉結，蒸煮約 20 分鐘至綠豆仁熟透。

5
將香蘭葉取出丟掉。

6
倒入不沾鍋，加入水、椰漿、椰子肉、棕櫚糖、鹽，混合均勻。

7
不斷攪拌至收乾水份，接近冰淇淋狀即可。

Tips

- 趁內餡微熱還有保留濕度，依個人需求重量取出，滾成圓形冷卻入盒，置於冰箱保存。

Chapter 1 — 造型饅頭的基本功　33

Chapter 2
可愛動物

> 展開一趟可愛療癒的動物園之旅！

　　現在，就讓我們一起展開這趟充滿療癒的動物園之旅吧！跟著步驟揉捏出破殼而出的黃色小雞、萌趣的叢林小獅王，到憨態可掬的大鼻子粉紅豬豬、惹人憐愛的小白貓，圓滾滾如甜甜圈般的貓頭鷹、乳牛，還有小老鼠造型的雙色刀切饅頭，以及帶來好運的招財貓咪刈包。在這裡，麵糰將幻化為一隻隻栩栩如生的可愛動物，躍然於指尖，每一款造型都充滿了療癒感，討人喜愛。

成品份量
×5個

破殼小雞

Chick

Ingredients 材料

- 白色麵糰 90g
- 黃色麵糰 225g
- 紅麴粉少許
- 黑色麵糊少許
- 白色麵糊少許

[身體] ▶ 黃色麵糰 40g
[蛋殼] ▶ 白色麵糰 15g
[翅膀] ▶ 黃色麵糰 2g × 2
[雞嘴] ▶ 粉紅色麵糰黃豆大小
[雞腳] ▶ 粉紅色麵糰 1g × 2

Tools 工具

擀麵棍、切麵刀、圓形壓模（直徑6cm）、美容剪刀、粉餅筆、翻糖工具（球莖形）、細筆刷、牙籤

流程

調色 → 塑型 → 組合 → 發酵 → 蒸製 → 上色

A 調色 / B 塑型

[身體] ▶▶

1 取白色麵糰15g，加入少許紅麴粉，揉勻成粉紅色麵糰。

2 取黃色麵糰40g，搓揉排氣成光滑麵糰，用手掌虎口，靠在桌上滾圓。

3 搓滾成長6cm的橢圓形。

4 用切麵刀稍微壓扁。

Chapter 2 — 可愛動物

[蛋殼] ▶▶

5 取白色麵糰,用擀麵棍擀成厚0.3cm的麵片。

6 壓入直徑6cm的圓形壓模。

7 拿掉多餘的麵片,取出圓形麵片。

8 用切麵刀切對半成半圓形。

[翅膀] ▶▶

9 切面處用美容剪刀剪出鋸齒狀。

10 用擀麵棍將蛋殼麵片圓弧處擀薄。

11 取2份黃色麵糰2g,搓成水滴狀。

12 將尖端稍微壓扁。

[雞嘴] ▶▶

13 取黃豆大小的粉紅色麵糰,搓成長1.5cm的細梭形。

14 用手指稍微壓扁。

15 用牙籤按壓出一條直紋。

16 再從中間壓出十字凹痕。

[雞腳] ▶▶

17 用牙籤壓住麵條中間,將兩端折起。

18 取2份粉紅色麵糰1g,搓成水滴狀。

19 將尖端稍微壓扁。

20 用美容剪刀將寬端剪成3個尖角。

C 組合

21 將蛋殼黏貼在身體的上下兩端的1/4處。

22 並將麵片往身體下方折。

23 完整包覆住身體。

24 將翅膀黏貼在身體的左右兩側。

25 身體正中間黏貼上雞嘴。

26 將雞腳黏貼在下方蛋殼上緣。

27 用粉餅筆沾取紅麴粉，在兩頰刷上腮紅。

D 發酵

電鍋外鍋倒入10米杯水，加熱至45℃（微冒煙），轉保溫，架蒸籠，放入麵糰，蓋上鍋蓋，待麵糰膨脹至原本尺寸的兩倍大小。詳見「基礎製作流程3」。

E 蒸製

電鍋按下加熱鍵，水滾後放入發酵好的饅頭，蒸12分鐘，關閉電源，燜5～7分鐘，取出成品放涼。詳見「基礎製作流程4」。

F 上色

28 用翻糖工具（球莖形）沾黑色麵糊，蓋印上眼睛。

29 用細筆刷沾黑色墨汁，畫上眼睫毛。

30 用牙籤沾白色麵糊，點在瞳孔上形成反光。

Chapter 2 可愛動物

成品份量
×3 個

貓頭鷹甜甜圈
Owl

材料 Ingredients

- 白色麵糰 13g
- 紅麴粉少許
- 灰色麵糰 165g
- 棕色麵糰 3g
- 橘色麵糰 9g
- 黑色麵糰 18g
- 黑色麵糊少許
- 白色麵糊少許

[臉蛋]	灰色麵糰 50g
[耳朵]	灰色麵糰 2g
	粉紅色麵糰 1g
[眼睛]	白色麵糰 1g × 2
	棕色麵糰 0.5g × 2
[眉毛]	灰色麵糰 1.5g × 2
[雙腳]	橘色麵糰 1g × 2
[尖嘴]	橘色麵糰黃豆大小
[翅膀]	黑色麵糰 2g × 2
[羽毛]	黑色麵糰綠豆大小 × 3

工具 Tools

擀麵棍、切麵刀、圓形壓模（直徑 2cm、1.5cm、1cm）、翻糖工具（箭頭形、球莖形）、美容剪刀、牙籤

流程

調色 ▶ 塑型 ▶ 組合 ▶ 發酵 ▶ 蒸製 ▶ 上色

A 調色

1 取白色麵糰 3g，加入少許紅麴粉，揉勻成粉紅色麵糰。

B 塑型

[臉蛋] ▶▶

2 取灰色麵糰 52g，搓揉排氣成光滑麵糰，用手掌虎口，靠在桌上滾圓。

3 用切麵刀稍微壓扁。

4 用擀麵棍擀成直徑 7cm 的圓形麵片。

[耳朵] ▶▶

5 用直徑 2cm 圓形壓模，壓入中央離邊緣 1cm 處。

6 取出中間的麵糰成空洞。

7 取灰色麵糰 2g、粉紅色麵糰 1g，都搓成梭形。

8 上下重疊，用手指稍微壓扁。

Chapter 2 — 可愛動物

[眼睛] ▶▶

9 用切麵刀切對半。

10 取白色麵糰擀成麵片，用直徑 1.5cm 圓形壓模壓出 2 片麵片。

11 取棕色麵糰擀成麵片，用直徑 1cm 圓形壓模壓出 2 片麵片。

12 將棕色麵片疊放在白色麵片上，用手指按壓貼合。

[眉毛] ▶▶

13 取 2 份灰色麵糰 1.5g，搓成水滴狀。

14 用手指稍微壓扁。

15 兩個左右相反，用美容剪刀從寬端剪 3 刀。

[雙腳] ▶▶

16 取 2 份橘色麵糰 1g，搓成水滴狀。

17 將尖端稍微壓扁。

18 用美容剪刀將寬端剪成 3 個尖角。

[尖嘴] ▶▶

19 取黃豆大小的橘色麵糰，搓成長 1.5cm 的細梭形。

20 用手指稍微壓扁。

[翅膀] ▶▶

21 用牙籤按壓出十字凹痕。

22 用牙籤壓住麵條中間，將兩端折起。

23 取 2 份黑色麵糰 2g，搓成長 4cm 的水滴狀。

24 用切麵刀壓出數條平行的線條紋路。

[羽毛] ▶▶

C 組合

25 取 3 份綠豆大小的黑色麵糰，搓成梭形。

26 臉蛋缺口朝下，上緣左右，用翻糖工具（箭頭形）搓入耳朵。

27 用牙籤按壓固定接合處。

28 臉蛋缺口上緣，左右並排黏貼上眼睛。

29 眼睛上緣，一左一右，依方向黏貼上眉毛。

30 臉蛋下緣，左右黏貼上雙腳。

31 眼睛下緣中間，用牙籤黏貼上尖嘴。

32 翅膀寬端朝下，黏貼在臉蛋左右兩側。

33 臉蛋缺口下方，垂直並排，黏貼上羽毛。

D 發酵

電鍋外鍋倒入 10 米杯水，加熱至 45°C（微冒煙），轉保溫，架蒸籠，放入麵糰，蓋上鍋蓋，待麵糰膨脹至原本尺寸的兩倍大小。詳見「基礎製作流程 3」。

E 蒸製

電鍋按下加熱鍵，水滾後放入發酵好的饅頭，蒸 12 分鐘，關閉電源，燜 5～7 分鐘，取出成品放涼。詳見「基礎製作流程 4」。

F 上色

34 用翻糖工具（球莖形）沾黑色麵糊，蓋印上瞳孔。

35 用牙籤沾白色麵糊，點在瞳孔上形成反光。

Tips

- 眼睛與眉毛必須緊靠黏貼在一起，避免蒸製後分離，影響成品美觀。
- 蓋印瞳孔時若還有溫度，麵糊馬上乾掉即可直接包裝保存或食用，若麵糊未乾，只要回蒸 3 分鐘至麵糊全乾即可。

Chapter 2 可愛動物

成品份量
×3個

乳牛甜甜圈

Dairy cow

材料 Ingredients

- 白色麵糰 171g
- 黑色麵糰 15g
- 黃色麵糰 12g
- 綠色麵糰 3g
- 黑色麵糊少許
- 白色麵糊少許

[臉蛋]	白色麵糰 50g
[耳朵]	白色麵糰 2g
	粉紅色麵糰 1g
[鼻子]	粉紅色麵糰 3g
	粉紅色麵糰黃豆大小 × 2
[牛角]	黃色麵糰 1.5g × 2
[紋路]	黑色麵糰 5g
[玉米]	黃色麵糰 1g、綠色麵糰 1g

工具 Tools

擀麵棍、切麵刀、圓形壓模（直徑 2cm、4cm）、雲朵壓模、翻糖工具（箭頭形、圓球形、球莖形）、牙籤

流程

調色 → 塑型 → 組合 → 發酵 → 蒸製 → 上色

A 調色

B 塑型

[臉蛋]

1 取白色麵糰 15g，加入少許紅麴粉，揉勻成粉紅色麵糰。

2 取白色麵糰 52g，搓揉排氣成光滑麵糰，用手掌虎口，靠在桌上滾圓。

3 用切麵刀稍微壓扁。

4 用擀麵棍擀成直徑 7cm 的圓形麵片。

5 用直徑 2cm 圓形壓模，壓入中央離邊緣 1cm 處。

6 取出中間的麵糰成空洞。

[耳朵]

7 取白色麵糰 2g、黃豆大小的粉紅色麵糰，搓成梭形。

8 上下重疊，用手指稍微壓扁。

9 用切麵刀切對半。

10 用牙籤水平壓出紋路。

11 切口捏合成圓弧狀。

[鼻子] ▶▶

12 取粉紅色麵糰擀成麵片，壓入直徑 4cm 圓形壓模。

13 拿掉多餘的麵片，取出圓形麵片。

14 用切麵刀切除圓形麵片的 1/3。

15 用直徑 2cm 圓形壓模，從切面中間切除半圓形。

16 取 2 份黃豆大小的粉紅色麵糰，滾圓（鼻頭）。

[牛角] ▶▶

17 取黃色麵糰 3g，搓成兩頭尖的長梭形。

18 用切麵刀對切成兩半。

[紋路] ▶▶

19 取黑色麵糰擀成麵片，壓入雲朵壓模。

20 取出麵片，再壓入部分的雲朵壓模。

[玉米] ▶▶

21 壓出不規則的形狀 4 片。

22 取黃色麵糰 1g，搓成水滴狀。

23 用切麵刀壓出數條直紋。

24 再橫向壓出正方形網格紋路。

25 取綠色麵糰 1g，搓成水滴狀。

26 用切麵刀壓出直條的葉子紋路。

27 從中間切開，但保留尾端未切斷。

28 用切開的麵片左右包覆黃色麵糰，尾端捏合黏貼住。

///////// **C** 組合 /////////

29 臉蛋缺口朝下，上緣左右用翻糖工具（箭頭形）搓入耳朵。

30 沿著臉蛋缺口，黏貼上鼻子麵片。

31 左右黏貼上鼻頭，用翻糖工具（圓球形）壓出鼻孔。

32 耳朵內側黏貼上牛角麵糰。

///////// **D** 發酵 /////////

電鍋外鍋倒入 10 米杯水，加熱至 45°C（微冒煙），轉保溫，架蒸籠，放入麵糰，蓋上鍋蓋，待麵糰膨脹至原本尺寸的兩倍大小。詳見「基礎製作流程 3」。

33 臉蛋麵糰隨意黏貼上黑色紋路麵片。

34 缺口下方黏貼上玉米麵糰。

///////// **E** 蒸製 /////////

電鍋按下加熱鍵，水滾後放入發酵好的饅頭，蒸 12 分鐘，關閉電源，燜 5～7 分鐘，取出成品放涼。詳見「基礎製作流程 4」。

///////// **F** 上色 /////////

35 用翻糖工具（球莖形）沾黑色麵糊，蓋印上眼睛。

36 用牙籤沾白色麵糊，點在眼球上畫出反光。

成品份量
×6個

叢林小獅王
Lion King

材料 Ingredients

- 棕色麵糰 180g
- 黃色麵糰 72g
- 白色麵糰 12g
- 紅色麵糰 3g
- 黑色麵糰 12g
- 深棕色麵糰 18g

[鬃毛]	棕色麵糰 30g
[臉蛋]	黃色麵糰 10g
[耳朵]	黃色麵糰 1g × 2
[舌頭]	紅色麵糰黃豆大小
[鼻子]	白色麵糰 1g × 2 黑色麵糰黃豆大小
[眼睛]	黑色麵糰綠豆大小 × 2
[瀏海]	深棕色麵糰 1g × 3

工具 Tools

擀麵棍、圓形壓模（直徑 5cm、2cm）、翻糖工具（箭頭形、葉片形）、粉餅筆、牙籤

流程

塑型 ▶ 組合 ▶ 發酵 ▶ 蒸製

A 塑型

[鬃毛] ▶▶

1 取棕色麵糰 30g，搓揉排氣成光滑麵糰，用手掌虎口，靠在桌上滾圓。

2 用切麵刀稍微壓扁。

3 用擀麵棍擀成直徑 6.5cm 的圓形麵片。

[臉蛋] ▶▶

4 取黃色麵糰，用擀麵棍擀成厚 0.5cm 的麵片。

5 壓入直徑 5cm 圓形壓模。

6 拿掉多餘的麵片，取出圓形麵片。

[耳朵] ▶▶

7 取黃色麵糰，用擀麵棍擀成厚 0.3cm 的麵片。

8 壓入直徑 2cm 圓形壓模。

Chapter 2 — 可愛動物

[舌頭] ▶▶

9 拿掉多餘的麵片,取出圓形麵片。

10 用切麵刀對切成半圓形。

11 取黃豆大小的紅色麵糰,搓成長1cm的橢圓形。

12 用手指稍微壓扁。

[鼻子] ▶▶ 　　　　　　　　　[眼睛] ▶▶

13 用切麵刀切成對半。

14 取2份白色麵糰1g,滾成圓球。

15 取黃豆大小的黑色麵糰,滾成圓球(鼻頭)。

16 取2份綠豆大小的黑色麵糰,滾成圓球。

[瀏海] ▶▶　　　　　　　　　///////// **B 組合** /////////

17 取3份深棕色麵糰1g,搓成尖細的水滴狀。

18 將寬端捕合在一起。

19 將臉蛋覆蓋在鬃毛的正中間。

20 用切麵刀稍微壓扁,使麵片更加密合。

21 臉蛋上緣左右兩側,黏貼上耳朵。

22 用翻糖工具(箭頭形)搓入耳朵。

23 舌頭黏貼在臉蛋中間稍微下來一些的位置。

24 舌頭上緣並排黏貼上白色的鼻子圓球。

25 用翻糖工具（葉片形）插入舌頭與鼻子之間。

26 再用牙籤將舌頭垂直壓出紋路。

27 白色鼻子圓球黏貼上鼻頭。

28 用牙籤在白色鼻子圓球隨意搓幾個洞。

29 鼻子上方左右兩側黏貼上眼睛。

30 臉蛋麵片上緣正中間黏貼上瀏海。

31 用牙籤稍微將瀏海撥出曲線。

32 用粉餅筆沾取紅麴粉，在兩頰刷上腮紅。

33 用美容剪刀將鬃毛麵片剪成毛茸茸狀。

/////// **C 發酵** ///////

電鍋外鍋倒入 10 米杯水，加熱至 45°C（微冒煙），轉保溫，架蒸籠，放入麵糰，蓋上鍋蓋，待麵糰膨脹至原本尺寸的兩倍大小。詳見「基礎製作流程 3」。

/////// **D 蒸製** ///////

電鍋按下加熱鍵，水滾後放入發酵好的饅頭，蒸 12 分鐘，關閉電源，燜 5～7 分鐘，取出成品放涼。詳見「基礎製作流程 4」。

Tips

毛茸茸的獅子鬃毛，盡量剪出細長一些，成品才會更好看。

Chapter — 2 — 可愛動物

成品份量 ×3個

招財貓咪刈包

Lucky cat

材料 (Ingredients)

- ○ 白色麵糰 170g
- ● 黑色麵糰 6g
- ● 黃色麵糰 3g
- ● 紅色麵糰 17g
- ● 紅麴粉適量

[臉蛋]	白色麵糰 50g
[耳朵]	白色麵糰 2g
	粉紅色麵糰 1g × 2
[嘴巴]	紅色麵糰黃豆大小
	白色麵糰少許
[鼻子]	白色麵糰 1g × 2
[鼻頭]	粉紅色麵糰黃豆大小
[鈴鐺]	黃色麵糰 1g
	黑色麵糰綠豆大小
	黑色麵糰少許
[項圈]	紅色麵糰 5g
[瞇瞇眼]	黑色麵糰綠豆大小 × 2
[鬍鬚]	黑色麵糰綠豆大小 × 3

工具 (Tools)

擀麵棍、切麵刀、翻糖工具（箭頭形、葉片形）、粗筆桿、細筆桿、粉餅筆、圓形壓模（直徑3cm）、牙籤

流程

調色 ▶ 塑型 ▶ 組合 ▶ 發酵 ▶ 蒸製

A 調色

1 取白色麵糰 8g，加入少許紅麴粉，揉勻成粉紅色麵糰。

B 塑型

[臉蛋] ▶▶

2 取白色麵糰 50g，搓揉排氣成光滑麵糰，用手掌虎口，靠在桌面上滾圓。

3 再搓成長 6cm 的橢圓形。

4 用切麵刀稍微壓扁。

Chapter 2 — 可愛動物

5 用擀麵棍擀成 13cm×6cm 的橢圓形麵片。

6 將麵片光滑面朝下，前後對折，中間夾入饅頭紙。

7 用細筆桿橫著輕壓在麵片下方 1/3 處。

8 在下緣中間處用粗筆桿壓出凹痕，凸出臉頰。

[耳朵] ▶▶

9 用直徑 3cm 圓形壓模，在上方左右輕壓出凹痕（眼窩）。

10 取白色麵糰 2g、黃豆大小的粉紅色麵糰，搓成梭形。

11 上下重疊，用手指稍微壓扁。

12 用切麵刀切對半。

[嘴巴] ▶▶

13 取黃豆大小的紅色麵糰，搓成長 1cm 的梭形。

14 稍微壓扁，用切麵刀切對半（舌頭）。

15 取 2 份白色麵糰 1g，用手指搓圓（鼻子）。

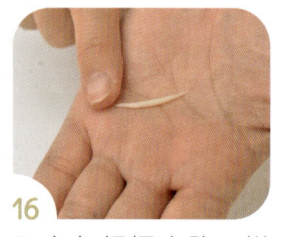

16 取白色麵糰少許，搓成細麵條。（下唇）。

[鼻頭] ▶▶

17 取黃豆大小的粉紅色麵糰，滾圓（鼻頭）。

[鈴鐺項圈] ▶▶

18 取紅色麵糰 5g，搓成長 10cm、兩端微尖的麵條。

19 用手指將兩端壓扁（項圈）。

20 取黃色麵糰 1g，用手指滾圓（鈴鐺）。

21 取綠豆大小的黑色麵糰，搓圓。

22 取黑色麵糰少許，搓成梭形。

23 用牙籤對切成兩半。

[咪咪眼] ▶▶

24 取2份黑色麵糰少許，搓成一邊細一邊粗的長條狀。

25 取3份黑色麵糰少許，搓成細梭形。

26 用牙籤對切成兩半（睫毛）。

[鬍鬚] ▶▶

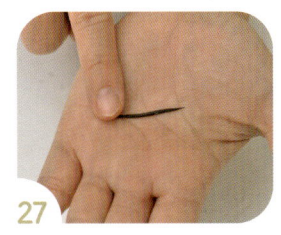

27 取黑色麵糰少許，搓成長短不一的細長條狀。

//// C 組合 ////

28 臉蛋凹痕朝下，上緣左右黏上耳朵。

29 用翻糖工具（箭頭形）搓入耳朵。

30 用牙籤按壓固定接合處。

31 臉蛋凹痕黏貼上舌頭。

32 舌頭上方並排黏貼鼻子。

33 用翻糖工具（葉片形）插入鼻子下方。

34 再將舌頭下緣按壓出紋路。

35 鼻子中間黏貼上鼻頭。

36 用牙籤在鼻子隨意搓幾個洞。

Chapter **2** 可愛動物 55

37 沿著舌頭黏貼上下唇。

38 沿著臉蛋下緣黏貼項圈,用牙籤將兩端收進刈包開口。

39 項圈中間黏貼上鈴鐺。

40 中間黏切上黑色圓球麵糰。

41 再黏貼上半截黑色麵條。

42 眼窩黏貼上瞇瞇眼。

43 瞇瞇眼眼角黏貼上睫毛。

44 鼻子左右兩端黏貼上鬍鬚。

45 用粉餅筆沾取紅麴粉,在兩頰刷上腮紅。

C 發酵

電鍋外鍋倒入 10 米杯水,加熱至 45°C(微冒煙),轉保溫,架蒸籠,放入麵糰,蓋上鍋蓋,待麵糰膨脹至原本尺寸的兩倍大小。詳見「基礎製作流程 3」。

D 蒸製

電鍋按下加熱鍵,水滾後放入發酵好的饅頭,蒸 12 分鐘,關閉電源,燜 5～7 分鐘,取出成品放涼。詳見「基礎製作流程 4」。

小老鼠雙色饅頭
Mouse

Ingredients 材料

- 灰色麵糰 136g
- 白色麵糰 130g
- 黑色麵糰 10g
- 紅色麵糰 8g
- 紅麴粉適量
- 白色麵糊少許

[雙色刀切饅頭] ▶ 灰色麵糰 30g、白色麵糰 25g
[耳朵] ▶ 灰色麵糰 2g × 2
　　　　　粉紅色麵糰 1g × 2
[舌頭] ▶ 紅色麵糰黃豆大小
[鼻子] ▶ 白色麵糰 1g × 2
　　　　　黑色麵糰黃豆大小
[眼睛] ▶ 黑色麵糰黃豆大小 × 2
[鬍鬚] ▶ 黑色麵糰少許
[眉毛] ▶ 黑色麵糰少許 × 2
[帽子] ▶ 紅色麵糰 1.5g
　　　　　白色麵糰 1g

Tools 工具

擀麵棍、切麵刀、圓形壓模（直徑 2cm、1cm）、翻糖工具（箭頭形、葉片形）、牙籤

流程

調色 → 塑型 → 組合 → 發酵 → 蒸製 → 上色

A 調色

1 取白色麵糰 8g，加入紅麴粉，揉勻成粉紅色麵糰。

B 塑型

[雙色刀切饅頭] ▶▶

2 取灰色麵糰 120g，用擀麵棍擀成 16cm×18cm 的光滑麵片。

3 取白色麵糰 110g，用擀麵棍擀成 16cm×17cm 的光滑麵片。

[臉蛋] ▶▶

4 灰色麵片噴水，覆蓋上白色麵片，並將頂端保留 1cm。

Chapter 2 可愛動物 57

5
用擀麵棍擀壓，讓兩層麵片更加密合。

6
將下方 2cm 接口處稍微擀薄，噴水。

7
由上方灰色麵片捲起，手指壓緊，重複動作一次。

8
往下捲起（不必捲太緊）成圓柱狀。

9
接口處捏合，用雙手將麵糰搓長至19cm，稍微壓扁。

10
接口處朝下，切除兩端不平整處，間隔 4.5cm 分切 4 等份。

11
將四個稜角稍微往內收，放在饅頭紙上備用。

12
取灰色麵糰，用擀麵棍擀成厚 0.3cm 的麵片。

[耳朵] ▶▶

13
壓入直徑 2cm 圓形壓模。

14
拿掉多餘的麵片，取出灰色圓形麵片 2 片。

15
取粉紅色麵糰，，用擀麵棍擀成薄麵片。

16
壓入直徑 1cm 圓形壓模。

[舌頭] ▶▶

17
拿掉多餘的麵片，取出粉紅色圓形麵片 2 片。

18
灰色麵片刷水，黏貼上粉紅色麵片，用手指稍微按壓。

19
用切麵刀，將麵片切除1/4。

20
取黃豆大小的紅色麵糰，搓成長 1cm 的橢圓形。

21 用手指稍微壓扁。

22 用切麵刀切成對半。

[鼻子] ▶▶

23 取 2 份白色麵糰 1g，滾成圓球。

24 取黃豆大小的黑色麵糰，滾成圓球（鼻頭）。

[眼睛] ▶▶

25 取 2 份綠豆大小的黑色麵糰，滾成圓球。

[鬍鬚] ▶▶

26 取黑色麵糰少許，搓成長短不一的細長條狀。

27 用牙籤折成 V 字型。

[眉毛] ▶▶

28 取黑色麵糰少許，搓成細短條狀。

[帽子] ▶▶

29 取紅色麵糰 1.5g，搓成尖端較長的水滴狀。

30 用切麵刀，切除寬端。

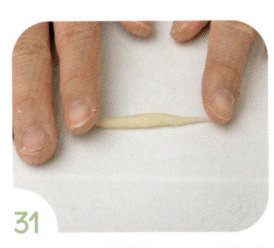

31 取白色麵糰 1g，搓成長條狀。

32 將白色麵條繞著紅色麵糰切面一圈。

◉ 組合

33 用美容剪刀，剪成毛茸茸狀。

34 雙色刀切饅頭上方左右兩側刷水，黏貼上耳朵。

35 用翻糖工具（箭頭形）搓入耳朵。

36 再用牙籤固定接合處。

Chapter — 2 — 可愛動物　59

37
雙色刀切饅頭中間往下1.5cm處，黏貼上舌頭。

38
舌頭上緣並排黏貼上白色的鼻子圓球。

39
用翻糖工具（葉片形）插入舌頭與鼻子之間。

40
再用牙籤將舌頭垂直壓出紋路。

41
白色鼻子圓球中央黏貼上鼻頭。

42
鼻子上方左右兩側黏貼上眼睛。

43
用牙籤在白色鼻子圓球隨意搓幾個洞。

44
鼻頭左右黏貼上鬍鬚。

//// **D** 發酵 ////

電鍋外鍋倒入10米杯水，加熱至45℃（微冒煙），轉保溫，架蒸籠，放入麵糰，蓋上鍋蓋，待麵糰膨脹至原本尺寸的兩倍大小。詳見「基礎製作流程3」。

//// **E** 蒸製 ////

電鍋按下加熱鍵，水滾後放入發酵好的饅頭，蒸12分鐘，關閉電源，燜5～7分鐘，取出成品放涼。詳見「基礎製作流程4」。

45
兩眼上方黏貼上眉毛。

46
兩耳中間黏貼上帽子。

//// **F** 上色 ////

47
用牙籤沾白色麵糊，點在眼睛上形成反光。

Tips

帽子跟鬍鬚可依個人喜好斟酌裝飾、變換造型，都很可愛喔！

60

成品份量
×4個

成品份量
×3個

大鼻子粉紅豬豬

Pink pig

材料 Ingredients

- 白色麵糰 213g
- 紅色麵糰 6g
- 黑色麵糊少許
- 紅麴粉 0.5g
- 白色麵糊少許

[身體] ▶ 粉紅色麵糰 55g
[豬腳] ▶ 粉紅色麵糰 3g × 4
[豬尾巴] ▶ 粉紅色麵糰 1g
[豬耳朵] ▶ 粉紅色麵糰 1.5g × 2
[豬鼻子] ▶ 紅色麵糰 2g

工具 Tools

擀麵棍、切麵刀、細筆桿、美容剪刀、圓形壓模（直徑 2cm）、翻糖工具（箭頭形、圓球形、葉片形、球莖形）、牙籤

流程

調色 ▶ 塑型 ▶ 組合 ▶ 發酵 ▶ 蒸製 ▶ 上色

Ⓐ 調色

[身體] ▶▶

1 取白色麵糰 213g，加入紅麴粉 0.5g，揉勻成粉紅色麵糰。

2 取粉紅色麵糰 55g，搓揉排氣成光滑麵糰，用手掌虎口，靠在桌上滾圓。

Ⓑ 塑型

3 搓成長 9～10cm 的橢圓形。

4 將其中一端搓尖。

Chapter 2　可愛動物　63

5
用筆桿在麵糰1/3處搓滾出凹陷。

6
再用手指搓滾凹陷處，形成身體與頭部。

7
用切麵刀將寬端身體稍微壓扁。

8
再從寬端垂直往前推壓出屁股紋路。

[豬腳] ▶▶

9
取2份粉紅色麵糰6g，搓揉成長8cm的梭形。

10
各別用切麵刀平均分割成2等份。

11
用筆桿在尖端1cm處，搓滾出凹陷的腳腕。

12
用美容剪刀將尖端剪成3個尖角。

13
用牙籤輕壓3個尖角成指甲紋路。

14
寬端用手指壓扁。

[豬尾巴] ▶▶

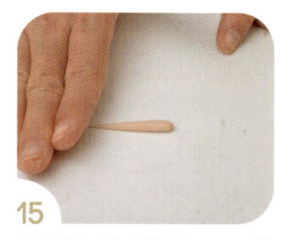

15
取粉紅色麵糰1g，搓成長4cm的細長水滴狀。

16
寬端用手指稍微壓扁。

[豬耳朵] ▶▶

17
取粉紅色麵糰3g，搓成長4cm的梭形。

18
用手掌稍微壓扁。

19
用切麵刀切成對半。

[豬鼻子] ▶▶

20
取紅色麵糰，擀成厚1cm的麵片，壓入直徑2cm圓形壓模。

64

C 組合

21 拿掉多餘的麵片，取出圓形麵片。

22 再用壓模將圓形麵片的1/3處切除掉。

23 屁股和脖子凹陷處下方，左右黏貼上四肢。

24 尾巴寬端朝下，黏貼在屁股。

25 用牙籤稍微捲曲尾巴尖端。

26 身體凹陷處上方並排耳朵，用翻糖工具（箭頭形）搓入。

27 用牙籤按壓固定接合處。

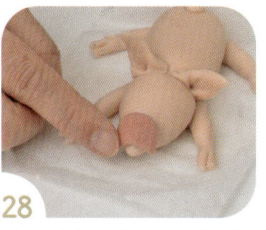

28 鼻子缺口朝下，沿著身體尖端黏貼。

29 用翻糖工具（圓球形）戳入鼻子，戳出兩個孔。

30 用翻糖工具（葉片形）搓入鼻子缺口下方。

D 發酵

電鍋外鍋倒入10米杯水，加熱至45°C（微冒煙），轉保溫，架蒸籠，放入麵糰，蓋上鍋蓋，待麵糰膨脹至原本尺寸的兩倍大小。詳見「基礎製作流程3」。

E 蒸製

電鍋按下加熱鍵，水滾後放入發酵好的饅頭，蒸12分鐘，關閉電源，燜5～7分鐘，取出成品放涼。詳見「基礎製作流程4」。

F 上色

31 用翻糖工具（球莖形）沾黑色麵糊，蓋印上眼睛。

32 用牙籤沾白色麵糊，點在瞳孔上形成反光。

Tips

蓋印眼睛時若還有溫度，麵糊馬上乾掉即可直接包裝保存或食用，若麵糊未乾，只要回蒸3分鐘至麵糊全乾即可。

Chapter 2 — 可愛動物

成品份量
×2個

惹人憐愛小白貓 Kitten

Ingredients 材料

- 白色麵糰 251g
- 黑色麵糰 3g
- 紅色麵糰 1g
- 藍色麵糰 28g
- 紅麴粉適量
- 咖椰醬餡 60g
- 黑色麵糊少許
- 白色麵糊少許
- 三秒膠麵糊少許

[身體]	▶ 白色麵糰 55g
[前腳]	▶ 白色麵糰 4g×2
[後腳]	▶ 白色麵糰 5g×2
[尾巴]	▶ 白色麵糰 2g
[頭部]	▶ 白色麵糰 40g
[耳朵]	▶ 白色麵糰 2g
	粉紅色麵糰黃豆大小
[眼睛]	▶ 白色麵糰 1g×2
	藍色麵糰綠豆大小 ×2
[毛鬚]	▶ 白色麵糰 3g
[鼻頭]	▶ 粉紅色麵糰 1g×2
[鼻子]	▶ 白色麵糰 1g×2
[舌頭]	▶ 紅色麵糰 0.5g
[眉毛]	▶ 黑色麵糰少許
[圍巾]	▶ 藍色麵糰 10g
[領結]	▶ 藍色麵糰 2g
[鈕扣]	▶ 藍色麵糰 1g

Tools 工具

擀麵棍、切麵刀、翻糖工具（刀形、箭頭形、圓錐形、葉片形、圓球形、球莖形）、圓形壓模（直徑 1cm、0.8cm）、橢圓形壓模、小愛心壓模、美容剪刀、細筆桿、牙籤

流程

調色 → 塑型 → 1次發酵 & 蒸製 → 蒸製 → 上色 → 組合 → 2次發酵 & 蒸製

A 調色

1 取白色麵糰 3g，加入紅麴粉，揉勻粉紅色麵糰。

B 塑型

[身體]

2 取白色麵糰 55g，搓揉排氣成光滑麵糰，用手掌虎口，靠在桌上滾圓。

3 用切麵刀稍微壓扁，再用擀麵棍擀成圓麵片。

4 再將邊緣擀薄，擀成直徑 9cm。

Chapter 2 可愛動物 67

5
放上咖椰醬餡 30g，一手拇指壓著內餡，另一手捏合麵皮。

6
使麵皮包覆內餡，收口捏緊。

7
收口處朝下，用雙手搓高至 5cm（身體）。

8
取白色麵糰，2 份 4g 搓成 6.5cm，2 份 5g 搓成 7cm 的水滴狀。

9
用細筆桿在寬端 1cm 處，搓滾出凹陷。

10
用翻糖工具（刀形）在寬端壓出兩條指紋。

11
用翻糖工具尖端沿著壓紋往內推成掌狀。

12
用手指將尖端稍微壓扁（四肢）。

13
白色麵糰 4g 從肚子上緣垂直並排，黏貼在側邊。

14
白色麵糰 5g 從屁股左右兩側，往前肢黏貼。

15
用翻糖工具（刀形）的尖端推一下麵條，呈彎曲如蹲坐。

16
取白色麵糰 2g，搓成長 3cm 的細長水滴狀。

[頭部] ▶▶

17
寬端用切麵刀壓出數條紋路（尾巴）。

18
屁股垂直黏貼上尾巴。

19
放在饅頭紙上，進行發酵、蒸製。

20
將白色麵糰 40g，搓揉排氣成光滑麵糰，用手掌虎口，靠在桌上滾圓。

21 取白色麵糰 2g、黃豆大小的粉紅色麵糰，搓成 2cm 梭形。

22 上下重疊，用手指稍微壓扁。

23 用切麵刀切對半（耳朵）。

24 左右並排在頭頂，用翻糖工具（箭頭形）搓入。

25 用牙籤按壓固定接合處。

26 取白色麵糰擀成麵片，用橢圓形壓模壓成麵片 2 片（眼白）。

27 取 2 份綠豆大小的藍色麵糰，滾圓（瞳孔）。

28 放上橢圓形麵片中間，用手指壓扁。

29 左右並排黏貼在頭部麵糰中間。

30 用翻糖工具（圓錐形）滾壓麵片使其服貼。

31 取白色麵糰 3g，搓成長 3cm 的梭狀。

32 用手掌稍微壓扁。

33 用擀麵棍擀成葉片狀的麵片。

34 黏貼在頭部麵糰眼白的下方。

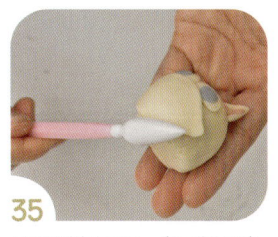

35 用翻糖工具（圓錐形）滾壓麵片使其服貼（毛鬢）。

36 取紅色麵糰 1g，搓成 1cm 的橢圓形，壓扁。

37 用切麵刀對切成兩半。	38 黏貼在毛鬚麵片的中央。	39 取白色麵糰擀平,用直徑0.8cm圓形壓模壓出2片。	40 並排黏貼在舌頭上方(鼻子)。
41 用翻糖工具(葉片形)搓入鼻子麵片中間下方。	42 用牙籤將舌頭垂直壓出紋路。	43 取粉紅色麵糰擀成麵片,用小愛心壓模壓出麵片。	44 黏貼在2片鼻子麵片中間(鼻頭)。
45 取黑色麵糰少許,搓成2條細長條狀、2條細短條狀。	46 2條細長條沿著眼白黏貼圍成眼線。	47 2條細短條切成兩段,折起成V字形。	48 黏貼在眼角成睫毛。
49 用牙籤在白色鼻子隨意搓幾個洞。	50 用粉餅筆沾取紅麴粉,在兩頰刷上腮紅。	51 用美容剪刀將白鬚麵片兩側剪三刀。	52 放在饅頭紙上,進行發酵、蒸製。

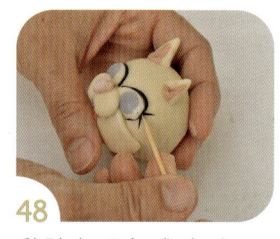

[圍巾] ▶▶

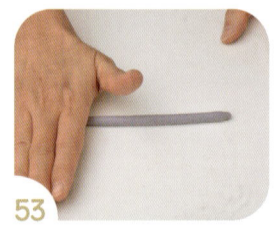

| 53 取藍色麵糰10g,搓成長8cm的麵條。 | 54 用擀麵棍稍微擀扁。 | 55 用翻糖工具(貝殼形)壓出皺摺(圍巾)。 | 56 取藍色麵糰擀平,用切麵刀切成長梯形2片。 |

70

57
用美容剪刀煎出 V 字缺口（領結）。

58
取藍色麵糰擀成麵片，用直徑 1cm 圓形壓模，壓成麵片。

59
再用直徑 0.8cm 圓形壓模，壓上圓形紋路。

60
用翻糖工具（圓球形）壓上四個凹槽（鈕扣）。

C 發酵

電鍋外鍋倒入 10 米杯水，加熱至 45°C（微冒煙），轉保溫，架蒸籠，放入麵糰，蓋上鍋蓋，待麵糰膨脹至原本尺寸的兩倍大小。詳見「基礎製作流程 3」。

D 蒸製

電鍋按下加熱鍵，水滾後放入發酵好的饅頭，蒸 12 分鐘，關閉電源，燜 5～7 分鐘，取出成品放涼。詳見「基礎製作流程 4」。

E 上色

61
用翻糖工具（球莖形）沾黑色麵糊，蓋印在頭部瞳孔上。

F 組合

62
用牙籤沾白色麵糊，點在瞳孔上形成反光。

63
頭部下緣、身體上端塗抹三秒膠麵糊，兩者黏貼固定。

64
脖子周圍塗上三秒膠麵糊，取圍巾麵條圍繞一圈。

65
將 2 片的領結尖端重疊，黏貼在臉蛋正面下方。

66
相同位置再黏貼上鈕扣麵片，放入蒸籠排列進行二次發酵、蒸製。

Tips
可以另外準備紅色麵糰擀成麵片，用蝴蝶結造型壓模壓出可愛的蝴蝶結，黏貼在耳朵側面裝飾。

Chapter 2 ── 可愛動物

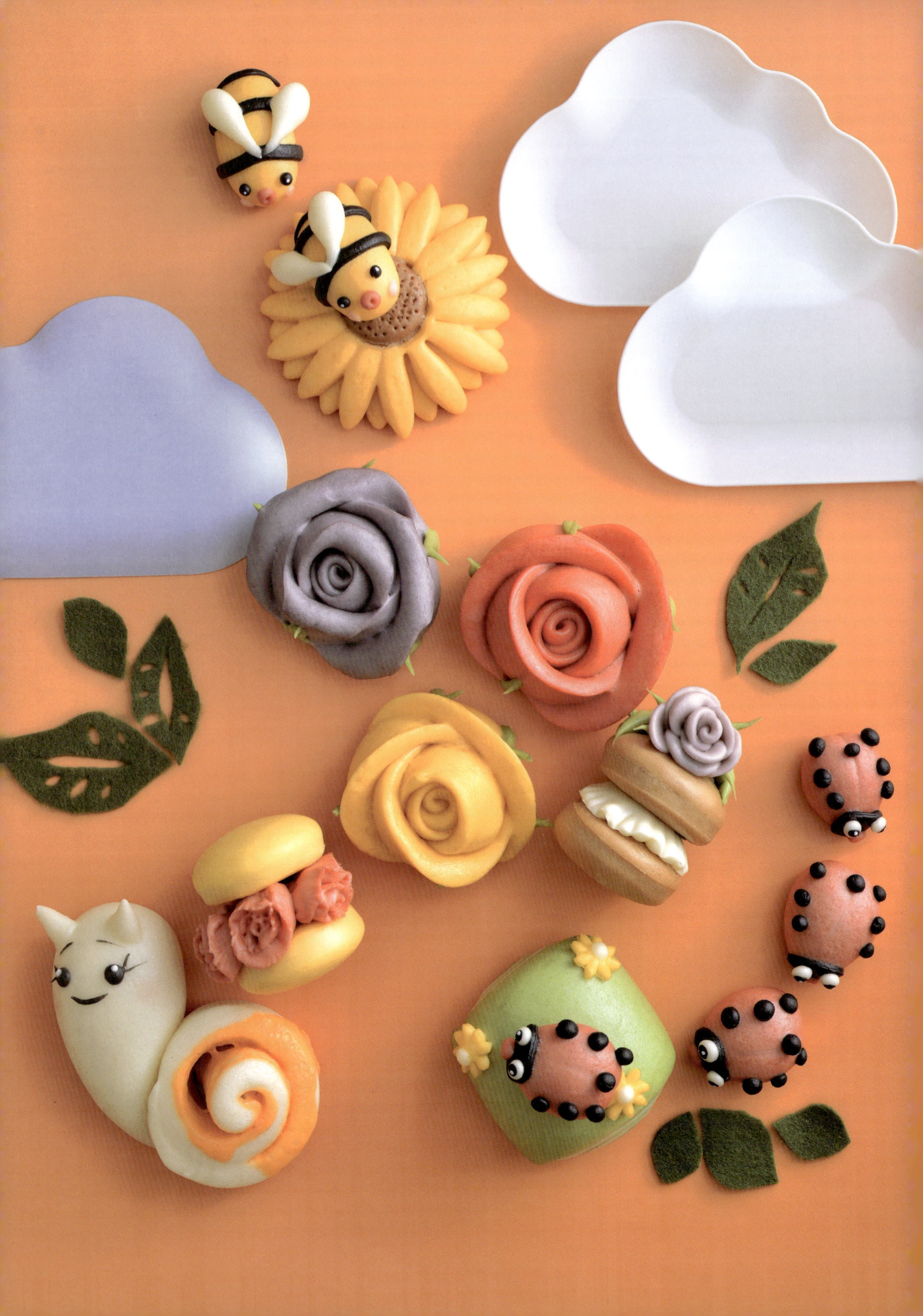

Chapter 3

繽紛花園

打造一座
生機盎然的
繽紛花園！

在這裡，我們將把麵糰揉捏成一朵朵綻放的嬌豔花朵，以及穿梭其間的可愛小生物。想像一下，在盛開的向日葵上停駐著勤勞的小蜜蜂，在花園刀切饅頭上悠閒飛舞的瓢蟲，嬌嫩的玫瑰散發著浪漫的氣息，還有背著捲著香濃起士的螺旋小窩的蝸牛。跟隨指尖的巧思，為餐桌增添一抹生意盎然的色彩。準備好了嗎？一起用麵糰打造出一座生機盎然的繽紛花園吧！

成品份量
×4個

花園瓢蟲
Ladybug

材料 Ingredients

- 綠色麵糰 120g
- 白色麵糰 115g
- 黃色麵糰 12g
- 紅色麵糰 28g
- 黑色麵糰 12g
- 白色麵糊少許
- 三秒膠麵糊少許

[雙色刀切饅頭] ▶
綠色麵糰 30g、白色麵糰 25g
[瓢蟲] ▶ 紅色麵糰 7g
　　　　　黑色麵糰 3g
　　　　　白色麵糰少許
[花朵] ▶ 黃色麵糰 1g × 3
　　　　　白色麵糰 1g

工具 Tools

擀麵棍、切麵刀、花朵壓模、圓形壓模（直徑 2cm）、翻糖工具（圓球形）、牙籤

流程

塑型 ▶ 發酵 ▶ 蒸製 ▶ 上色 ▶ 組合

A 塑型

[雙色刀切饅頭] ▶▶

1 取綠色麵糰 120g，用擀麵棍擀成 16cm×18cm 的麵片。

2 取白色麵糰 110g，用擀麵棍擀成 16cm×17cm 的麵片。

3 綠色麵片噴水，覆蓋上白色麵片，並將頂端保留 1cm。

4 用擀麵棍擀壓，讓兩層麵片更加密合。

5 將下方 2cm 接口處稍微擀薄，噴水。

6 由上方綠色麵片捲起，手指壓緊，重複動作一次。

7 往下捲起（不必捲太緊）成圓柱狀。

8 接口處捏合，用雙手將麵糰搓長至19cm，稍微壓扁。

Chapter 3 — 繽紛花園　75

[花朵] ▶▶

9 接口處朝下，切除兩端不平整處，間隔 4.5cm 分切 4 等份。

10 將四個稜角稍微往內收，放在饅頭紙上備用。

11 取黃色麵糰擀成麵片，壓入花朵壓模。

12 拿掉多餘的麵片，取出花朵麵片。

13 取綠豆大小的白色麵糰，用手指滾圓。

14 放在花朵麵片中間，用手指輕壓固定。

15 雙色刀切饅頭刷水，黏貼上花朵麵片。

16 放在饅頭紙上，進行發酵、蒸製。

[瓢蟲] ▶▶

17 取紅色麵糰 7g，搓揉排氣成光滑麵糰，用手掌虎口，靠在桌上滾圓。

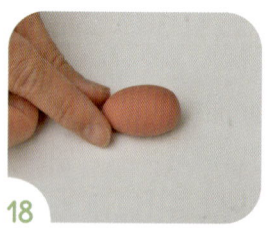

18 再搓成一端微尖的水滴狀。

19 取黑色麵糰擀成麵片，壓入直徑 2cm 圓形壓模。

20 拿掉多餘的麵片，取出圓形麵片。

21 將黑色麵片包覆在紅色麵糰的尖端（頭部）。

22 用切麵刀從紅色麵糰寬端壓入。

23 由下而上推壓出屁股紋路。

24 取綠豆大小的白色麵糰，滾圓。

25 黏貼在黑色麵片上成眼球。

26 取黑色麵糰少許，滾圓。

27 黏貼在眼球上，完成眼睛。

28 取綠豆大小的紅色麵糰，滾圓。

29 黏貼在眼睛間下方中間。

30 用翻糖工具（圓球形），壓出圓洞成嘟嘴。

31 取 7 個綠豆大小的黑色麵糰，滾圓。

32 排列黏貼在瓢蟲身上。

33 放在饅頭紙上，進行發酵、蒸製。

B 發酵

電鍋外鍋倒入 10 米杯水，加熱至 45°C（微冒煙），轉保溫，架蒸籠，放入麵糰，蓋上鍋蓋，待麵糰膨脹至原本尺寸的兩倍大小。詳見「基礎製作流程 3」。

C 蒸製

電鍋按下加熱鍵，水滾後放入發酵好的饅頭，蒸 12 分鐘，關閉電源，燜 5～7 分鐘，取出成品放涼。詳見「基礎製作流程 4」。

D 上色

34 取出稍微放涼，用牙籤沾取白色麵糊，點在眼球。

E 組合

35 將瓢蟲饅頭腹部刷上三秒膠麵糊，黏貼在雙色刀切饅頭上。

Tips

瓢蟲可以單獨呈現，或是搭配刀切饅頭自由擺放，抹上麵糊黏貼固定即可，隨興就可愛。

Chapter — **3** — 繽紛花園 77

成品份量
×4個

向日葵小蜜蜂
Sunflower & Bee

材料 Ingredients

- 黃色麵糰 228g
- 棕色麵糰 40g
- 白色麵糰 12g
- 紅色麵糰 1g
- 黑色麵糰 16g
- 紅麴粉適量
- 白色麵糊少許
- 三秒膠麵糊少許

[向日葵] ▶ 黃色麵糰 50g
　　　　　　棕色麵糰 10g
[蜜蜂] ▶ 黃色麵糰 7g
　　　　　黑色麵糰 4g
　　　　　紅色麵糰紅豆大小
　　　　　白色麵糰 1.5g ×2
　　　　　粉紅色麵糰綠豆大小 ×2

工具 Tools

擀麵棍、切麵刀、圓形壓模（直徑 3cm）、向日葵造型壓模（直徑 7cm）、竹籤、牙籤

流程

調色 ▶ 塑型 ▶ 發酵 ▶ 蒸製 ▶ 上色 ▶ 組合

Ⓐ 調色　　　　　　　Ⓑ 塑型

[向日葵] ▶▶

1 取白色麵糰少許，加入紅麴粉少許揉勻成粉紅色麵糰。

2 取黃色麵糰用擀麵棍擀成厚 0.5cm 的麵片。

3 用直徑 7cm 的向日葵壓模壓入麵片。

4 拿掉多餘的麵片，取出向日葵麵片 2 片為 1 組。

5 用直徑 3cm 圓形壓模，壓入其中一片的中心。

6 挖掉中間的圓形麵片成空洞。

7 第一片麵片刷水，花瓣錯開黏貼上第二片。

8 取棕色麵糰 10g，搓揉排氣成光滑麵糰，用手掌虎口，靠在桌面上滾圓。

Chapter 3 — 繽紛花園　79

[蜜蜂] ▶▶

9 用擀麵棍稍微擀扁。

10 光滑面朝上,放入花朵麵片中間的空洞。

11 用數支的牙籤成一搓,戳出花蕊紋路。

12 取黃色麵糰7g,搓揉排氣成光滑麵糰,用手掌虎口,靠在桌面上滾圓。

13 再搓成長4cm的橢圓形(身體)。

14 取黑色麵糰擀成麵片,切成3cm×0.5cm的長方形。

15 取3片等距橫貼在身體上(紋路)。

16 取2份白色麵糰1.5g,搓成水滴狀。

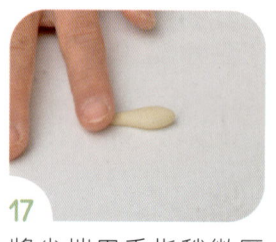

17 將尖端用手指稍微壓扁(翅膀)。

18 2個尖端重疊,黏貼在第一條條紋上。

19 取2份黑色麵糰綠豆大小,搓圓。

20 左右並排黏貼在翅膀前方的身體上(眼睛)。

21 取紅色麵糰綠豆大小,搓圓。

22 黏貼在兩眼之間的下方。

23 用竹籤搓入形成凹洞(嘟嘟嘴)。

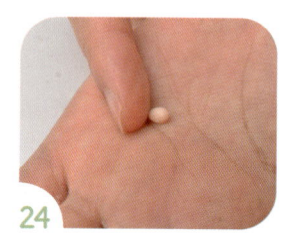

24 取2份粉紅色麵糰少許,搓成橢圓形。

80

25 黏貼在黏貼在嘴巴左右兩側。

C 發酵
電鍋外鍋倒入 10 米杯水，加熱至 45°C（微冒煙），轉保溫，架蒸籠，放入麵糰，蓋上鍋蓋，待麵糰膨脹至原本尺寸的兩倍大小。詳見「基礎製作流程 3」。

D 蒸製
電鍋按下加熱鍵，水滾後放入發酵好的饅頭，蒸 12 分鐘，關閉電源，燜 5～7 分鐘，取出成品放涼。詳見「基礎製作流程 4」。

E 上色
26 取出放涼，用牙籤沾白色麵糊，點在瞳孔上形成反光。

F 組合
27 將蜜蜂腹部刷上三秒膠麵糊，黏貼在向日葵上。

> **Tips**
> 小蜜蜂與向日葵可以用白色麵糊固定式黏貼，或用插入牙籤做成活動式，都非常可愛的哦！

成品份量
×4個

浪漫玫瑰
Rose

Ingredients 材料
- 紫色麵糰 200g
- 綠色麵糰 40g

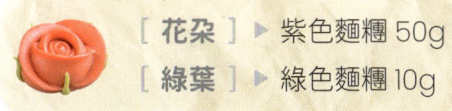

[花朵] ▶ 紫色麵糰 50g
[綠葉] ▶ 綠色麵糰 10g

Tools 工具
擀麵棍、切麵刀、竹籤

流程
分割 → 塑型 → 組合 → 發酵 → 蒸製

Ⓐ 分割

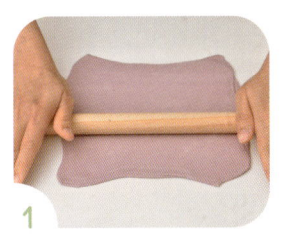

1 將紫色麵糰用擀麵棍擀成長 20cm 的長方形。

2 將下方接口處稍微擀薄，噴水。

3 由上方捲起，手指壓緊，重複動作成圓柱狀。

4 用雙手將麵糰搓長至 30cm。

Ⓑ 塑型

[花朵] ▶▶

5 用切麵刀每隔 3cm 切斷，共 10 等份，每份 20g。

6 5 份麵糰為一組，將其中 1 份麵糰一分為二對切。

7 將紫色麵糰 20g 切面朝上，用切麵刀稍微壓扁。

8 用擀麵棍擀成直徑 8cm 的圓形麵片。

Chapter 3 繽紛花園

9 再將外圍擀薄,中間微厚。

10 將紫色麵糰10g用擀麵棍擀成牛舌餅形狀。

11 20g麵片依序重疊覆蓋,第2片覆蓋在第1片1/2處。

12 第3片覆蓋在第2片的2/3處。

13 第4片覆蓋在第3片1/2處,10g麵片垂直覆蓋1/2處。

14 從第2片10g麵片,由下往上全部捲起。

15 接口處塗上水黏住,避免麵片散開。

16 用切麵刀將麵糰對切成兩半。

[綠葉] ▶▶

17 切口朝下,用雙手手掌將麵糰底部往內稍微搓圓。

18 每片麵片撥開成花瓣,用竹籤將花瓣尾端往內捲起。

19 將綠色麵糰擀成厚0.3cm×寬4cm的長方型麵片。

20 用切麵刀切成數片細長的三角形麵片。

C 組合

21 花朵外圈噴水,將綠葉平均黏貼上去。

D 發酵

電鍋外鍋倒入10米杯水,加熱至45℃(微冒煙),轉保溫,架蒸籠,放入麵糰,蓋上鍋蓋,待麵糰膨脹至原本尺寸的兩倍大小。詳見「基礎製作流程3」。

E 蒸製

電鍋按下加熱鍵,水滾後放入發酵好的饅頭,蒸12分鐘,關閉電源,燜5～7分鐘,取出成品放涼。詳見「基礎製作流程4」。

Tips

- 玫瑰花顏色可依個人喜好變化,每種顏色的玫瑰花都是不同的美。
- 若喜歡花苞造型,只把花瓣稍微撥開即可,不需要用牙籤捲起花瓣。

蝸牛起士捲
Rose

材料 *Ingredients*
- ○ 白色麵糰 134g
- ● 黑色麵糰 2g
- ◐ 起司片 1 片

[蝸牛殼]	▶	白色麵糰 35g
[身體]	▶	白色麵糰 30g
[觸角]	▶	白色麵糰 2g
[眼睛]	▶	黑色麵糰少許 × 2
[睫毛]	▶	黑色麵糰少許
[嘴巴]	▶	黑色麵糰少許

工具 *Tools*
擀麵棍、切麵刀、菜刀、粉餅筆、牙籤

流程
塑型 ▶ 組合 ▶ 發酵 ▶ 蒸製

A 塑型

[蝸牛殼] ▶▶

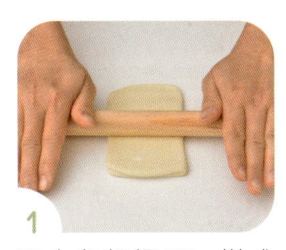

1 取白色麵糰 70g 擀成 12cm×6cm 的長方形麵片，將下方稍微擀薄。

2 翻面，噴水，前端留約 2cm，放上分切開的起司片。

3 從白色麵片 1cm 處往內捲，手指頭壓緊。

4 重複動作壓在起司片上，再往下捲起成圓柱狀。

[身體] ▶▶

5 接口處捏合朝下，用菜刀切除兩端不平整處。

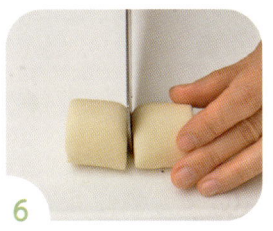

6 再將麵糰對切成 2 等份。

7 將切面處朝上，用切麵刀稍微壓扁，放在饅頭紙上。

8 取白色麵糰 30g，搓揉排氣成光滑麵糰，用手掌虎口，靠在桌面上滾圓。

Chapter 3 繽紛花園 85

[觸角] ▶▶

9 再搓成長 10cm 的水滴狀。

10 用切麵刀稍微壓扁。

11 取白色麵糰 2g，用手指搓成梭形。

12 用切麵刀切成兩半。

[眼睛] ▶▶   [睫毛] ▶▶   [嘴巴] ▶▶

13 取 2 份黑色麵糰少許，搓成兩端微尖的細條狀。

14 取黑色麵糰少許，搓成細長麵條。

15 用牙籤切成小段。

16 取黑色麵糰少許，搓成兩端微尖的細條狀。

////////////////////////////// Ⓑ **組合** //////////////////////////////

17 蝸牛身體尖端黏合在蝸牛殼側邊。

18 觸角左右並排在寬端頭頂上，用牙籤輕壓接合處固定。

19 眼睛黏貼在頭部，並稍微下彎。

20 用牙籤沾取睫毛，黏貼在眼睛尾端。

21 嘴巴黏貼在兩眼中間下方，並稍微下彎成微笑。

22 用粉餅筆沾取紅麴粉，在兩頰刷上腮紅。

//// Ⓒ **發酵** ////

電鍋外鍋倒入 10 米杯水，加熱至 45℃（微冒煙），轉保溫，架蒸籠，放入麵糰，蓋上鍋蓋，待麵糰膨脹至原本尺寸的兩倍大小。詳見「基礎製作流程 3」。

//// Ⓓ **蒸製** ////

電鍋按下加熱鍵，水滾後放入發酵好的饅頭，蒸 12 分鐘，關閉電源，燜 5～7 分鐘，取出成品放涼。詳見「基礎製作流程 4」。

成品份量
×2個

Tips
選用耐熱的起司片,避免蒸製過程起司流走,影響口感和成品外觀。

成品份量
×14 個

百變插花馬卡龍
Floral macaron

材料 Ingredients
- 黃色麵糰 78g
- 紅色麵糰 18g
- 棕色麵糰 78g
- 白色麵糰 21g
- 紫色麵糰 12g
- 綠色麵糰 9g

[插花馬卡龍] ▶
黃色麵糰 13g × 2
紅色麵糰 2g × 6
[玫瑰奶油馬卡龍] ▶
棕色麵糰 13g × 2、白色麵糰 7g、
紫色麵糰 4g、綠色麵糰 3g

工具 Tools
擀麵棍、切麵刀、圓形壓模（直徑 4cm、2cm）、翻糖工具（貝殼形、圓錐形）、牙籤

流程
塑型 ▶ 1 次發酵 & 蒸製
塑型 ▶ 2 次發酵 & 蒸製
組合

A 塑型

[馬卡龍外殼] ▶▶

1 將黃色、棕色麵糰用擀麵棍擀成厚 1cm 的麵片。

2 用直徑 4cm 的圓形壓模，壓成圓形麵片。

B 發酵
取蒸籠，鋪上蒸籠布，等距放上麵糰，進行發酵。詳見「基礎製作流程 3」。

C 蒸製
電鍋按下加熱鍵，水滾後放入發酵好的饅頭，蒸 12 分鐘，關閉電源，燜 5～7 分鐘，取出成品放涼。詳見「基礎製作流程 4」。

[插花馬卡龍] ▶▶

3 取紅色麵糰 2g，搓成長 10cm 的細麵條 6 條。

4 用擀麵棍擀平成薄麵片。

Chapter 3 繽紛花園 89

5 用翻糖工具（貝殼形）壓出波浪紋路。

6 一手捏著底端，邊轉動麵片。

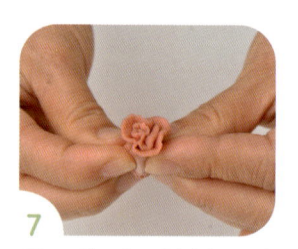

7 另一隻手一邊捲一邊折成玫瑰花。

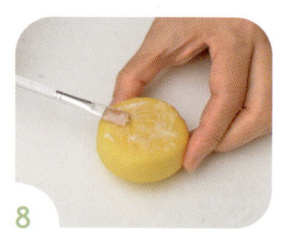

8 取一個馬卡龍外殼，不平滑面朝上，塗上三秒膠麵糊。

[玫瑰奶油馬卡龍] ▶▶

9 黏貼上一圈花朵。

10 用牙籤將花瓣稍微撥開。

11 放在饅頭紙上，進行發酵、蒸製。

12 將白色麵糰擀成厚0.3cm，用直徑4cm圓形壓模壓成麵片。

13 用擀麵棍稍微擀平。

14 用翻糖工具（圓錐形）滾壓出一圈波浪皺摺。

15 取一個馬卡龍外殼，不光滑面朝上，塗上白色麵糊黏貼麵片。

16 放在饅頭紙上，進行發酵、蒸製。

17 將紫色麵糰擀成麵片，壓入直徑2cm圓形壓模。

18 壓出9片的圓形麵片。

19 先取一片從一端捲起，做為中心。

20 從不同面，用穿插的方式，將麵片固定底部捲貼上去。

21 將麵片稍微撥展開成花朵。

22 取綠色麵糰搓成梭形2條。

23 用切麵刀切對半成。

24 將切口用手指稍微壓扁。

25 切口黏貼在花朵底端成一圈花萼（共5片）。

26 稍微搓滾花朵底端至貼合。

27 馬卡龍外殼光滑面塗上三秒膠麵糊，塗黏上花朵。

28 取綠色麵糰1g搓成細長的水滴狀。

29 黏貼在花萼下方成花莖。

30 取2份綠色麵糰1g搓成水滴狀。

31 用手指稍微壓扁。

32 用牙籤壓出葉脈紋路。

D 組合

33 花萼左右黏貼上綠葉。

34 放在饅頭紙上，進行發酵、蒸製。

35 取馬卡龍外殼塗上三秒膠麵糊，覆蓋在插花馬卡龍上，回蒸3分鐘。

36 玫瑰奶油馬卡龍上殼、夾心塗上三秒膠麵糊，覆蓋黏合，回蒸3分鐘。

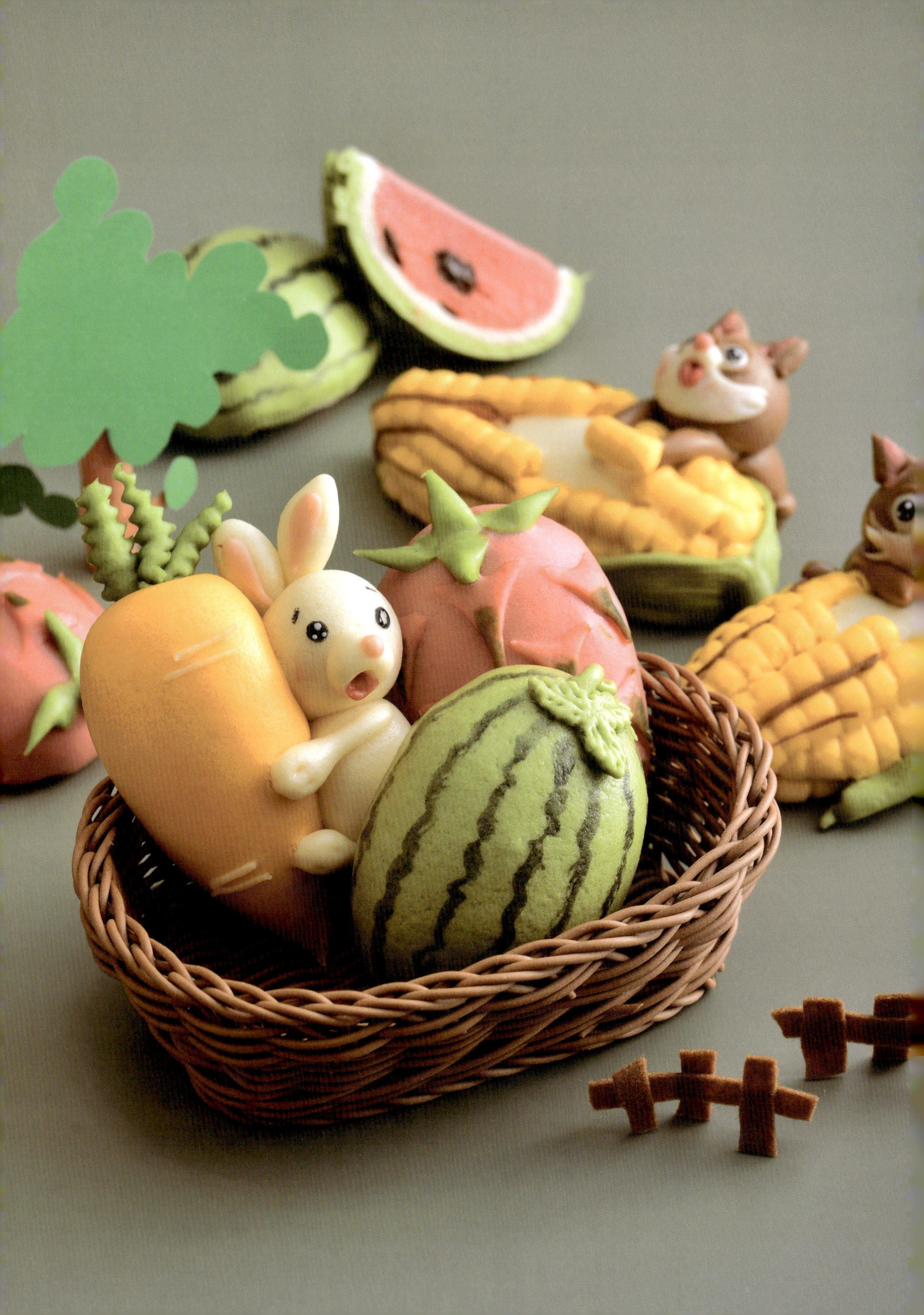

Chapter 4
開心農場

耕耘一片
活力豐收的
開心農場！

　　平凡的麵糰將變身為農場裡色彩鮮豔、飽滿多汁的蔬果,以及活潑可愛的小動物,帶領大家體驗豐收的喜悅。瞧！渾圓飽滿的黑美人西瓜、鮮豔欲滴的新鮮火龍果,還有抱著香甜玉蜀黍的小松鼠、抱著一大支胡蘿蔔的可愛白兔,都將在手中一一呈現。現在,就讓我們一起捲起袖子,用麵糰耕耘出一片充滿童趣、鮮度與活力的開心農場吧！

成品份量
×6個

黑美人西瓜 Watermelon

Ingredients 材料

- 紅色麵糰 210g
- 白色麵糰 120g
- 綠色麵糰 144g
- 葡萄乾 30g
- 黑色墨汁少許

[西瓜紅肉] ▶ 紅色麵糰 35g
[西瓜白皮] ▶ 白色麵糰 20g
[西瓜綠皮] ▶ 綠色麵糰 20g
[蒂頭] ▶ 綠色麵糰 2g
[葉子] ▶ 綠色麵糰 2g

Tools 工具

擀麵棍、切麵刀、葉子壓模、水彩筆、牙籤

流程

分割 ▶ 塑型 ▶ 組合 ▶ 上色 ▶ 發酵 ▶ 蒸製

A 分割

1 取紅色麵糰 210g 擀成長 24cm× 寬 20cm 的麵片。

2 麵片表面均勻撒上葡萄乾 30g。

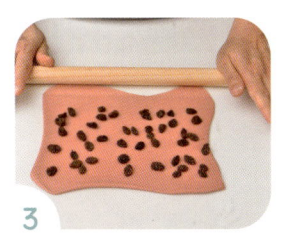

3 將下方稍微擀薄，噴水。

4 由長邊捲起，手指壓緊，重複動作一次，往下捲起。

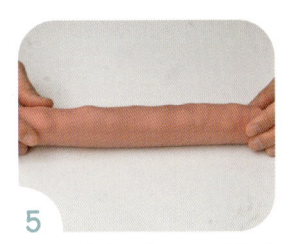

B 塑型

[西瓜紅肉] ▶▶

5 接口處捏合，用雙手將麵糰搓長至 18cm。

6 用切麵刀平均分切成 6 等份，每份 40g。

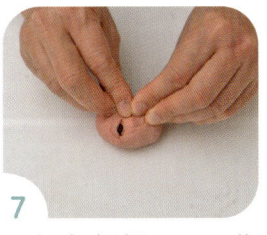

7 取紅色麵糰 40g，往內收口捏合。

8 用手掌虎口，靠在桌面上滾圓。

[西瓜白皮] ▶▶

9 再搓成長 6cm 的橢圓形。

10 取白色麵糰 20g，搓揉排氣成光滑麵糰，滾圓。

11 再搓成長 5cm 的橢圓形。

12 用切麵刀稍微壓扁。

[西瓜綠皮] ▶▶

13 用擀麵棍擀成長 7cm 的橢圓形麵片。

14 取綠色麵糰 20g，搓揉排氣成光滑麵糰，滾圓。

15 再搓成長 5cm 的橢圓形。

16 用切麵刀稍微壓扁。

[蒂頭] ▶▶   [葉子] ▶▶

17 用擀麵棍擀成長 7cm 的橢圓形麵片。

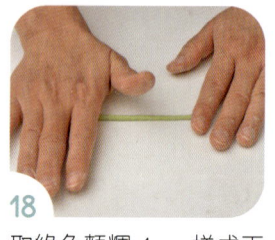

18 取綠色麵糰 4g，搓成兩端尖細、長 12cm 的條狀。

19 用切麵刀對切成兩條。

20 取綠色麵糰，用擀麵棍擀成麵片。

//// ⓒ 組合 ////

21 用樹葉壓模壓入麵片。

22 拿掉多餘的麵片，取出葉子麵片。

23 用牙籤壓出葉脈紋路。

24 將西瓜白皮表面噴水，覆蓋上西瓜綠皮重疊。

25 用手掌稍微壓平、貼合。

26 用擀麵棍擀平。

27 再將邊緣擀薄,尺寸能包覆西瓜紅肉。

28 西瓜紅肉表面噴水,覆蓋上西瓜果皮。

29 沿著西瓜紅肉將麵片往底部折。

30 直至完整包覆收口。

31 用雙手手掌將底部稍微搓圓,放在饅頭紙上。

32 圓頂處刷水,將蒂頭切口黏貼上去。

//// **D** 上色 ////

33 旁邊黏貼上葉子。

34 蒂頭纏繞在牙籤上成捲曲狀。

35 用水彩筆沾黑色墨汁,畫上西瓜果皮紋路。

//// **E** 發酵 ////

電鍋外鍋倒入10米杯水,加熱至45°C(微冒煙),轉保溫,架蒸籠,放入麵糰,蓋上鍋蓋,待麵糰膨脹至原本尺寸的兩倍大小。詳見「基礎製作流程3」。

//// **F** 蒸製 ////

電鍋按下加熱鍵,水滾後放入發酵好的饅頭,蒸12分鐘,關閉電源,燜5～7分鐘,取出成品放涼。詳見「基礎製作流程4」。

Tips

- 西瓜造型可變化成圓形西瓜西瓜果肉也可以選用
- 南瓜泥或紅蘿蔔泥製作成黃肉西瓜而更動哦

Chapter — **4** — 開心農場

成品份量
×4個

新鮮火龍果

Dragon fruit

材料 (Ingredients)

- 白色麵糰 140g
- 紅色麵糰 160g
- 綠色麵糰 16g
- 黑芝麻粒 20g
- 綠色墨汁少許

[果肉] ▶ 白色麵糰 35g
[果皮] ▶ 紅色麵糰 25g
[果刺] ▶ 紅色麵糰 15g
[蒂頭] ▶ 綠色麵糰 4g

工具 (Tools)

擀麵棍、切麵刀、圓形壓模（直徑 2.5cm）、水彩筆、牙籤

流程

分割 ▶ 塑型 ▶ 組合 ▶ 上色 ▶ 發酵 ▶ 蒸製

Ⓐ 分割

1 取白色麵糰 140g 擀成長 16cm× 寬 20cm 的麵片，將下方稍微擀薄。

2 麵片表面均勻撒上黑芝麻粒 20g。

3 由長邊捲起，手指壓緊，重複動作一次。

4 往下捲起，接口處捏合成圓柱狀。

Ⓑ 塑型

［果肉］▶▶

5 用切麵刀平均分切成 4 等份，每份 40g。

6 取白色麵糰 40g，往內收口捏合。

7 用手掌虎口，靠在桌面上滾圓。

8 再搓成長 6cm 的橢圓形。

Chapter 4 — 開心農場

[果皮] ▶▶

9 取紅色麵糰 25g，搓揉排氣成光滑麵糰，用手掌虎口，靠在桌面上滾圓。

10 再搓成長 5cm 的橢圓形。

11 用切麵刀稍微壓扁。

12 用擀麵棍擀成長 7cm 的橢圓形。

[果刺] ▶▶

13 將邊緣擀薄，尺寸能包住白色麵糰即可。

14 取紅色麵糰 15g，用擀麵棍擀成麵片。

15 用切麵刀成約 1cm 的三角形麵片。

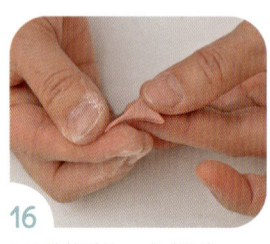

16 用手指將一角搓尖。

[蒂頭] ▶▶

17 用直徑 2.5cm 的圓形壓模，將寬底切成半圓弧度。

18 切口處稍微壓扁。

19 取綠色麵糰，搓成長條狀。

20 用切麵刀分切成長短不一的條狀。

//// ⓒ **組合** ////

21 取 2 條搓成梭狀。

22 切麵刀對切成兩半。

23 切口處稍微壓扁。

24 果肉表面噴水，覆蓋上果皮。

25 沿著果肉將麵片往底部折。

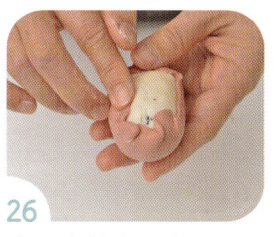

26 直至完整包覆收口。

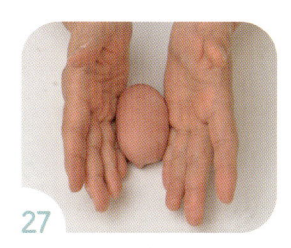

27 用雙手手掌將底部稍微搓圓。

28 表面噴水,以一排3片,交錯排列黏貼上三角形麵片,共12～13片。

29 取4個蒂頭,朝不同方向黏貼在圓頂處。

D 上色

30 用水彩筆沾綠色墨汁,將尖刺麵糰塗上色。

E 發酵

電鍋外鍋倒入10米杯水,加熱至45℃(微冒煙),轉保溫,架蒸籠,放入麵糰,蓋上鍋蓋,待麵糰膨脹至原本尺寸的兩倍大小。詳見「基礎製作流程3」。

F 蒸製

電鍋按下加熱鍵,水滾後放入發酵好的饅頭,蒸12分鐘,關閉電源,燜5～7分鐘,取出成品放涼。詳見「基礎製作流程4」。

成品份量
×3個

松鼠最愛玉蜀黍

Squirrel & Corn

材料 Ingredients

- 白色麵糰 120g
- 黃色麵糰 90g
- 綠色麵糰 30g
- 棕色麵糰 96g
- 紅色麵糰 1g
- 紅麴粉適量
- 黑色麵糊少許
- 白色麵糊少許

[玉米]	▶	白色麵糰 35g
		黃色麵糰 30g
		棕色麵糰 3g
[玉米葉]	▶	綠色麵糰 10g
[頭部]	▶	棕色麵糰 10g
[耳朵]	▶	棕色麵糰 1g
[眼皮]	▶	棕色麵糰 0.5g × 2
[內耳]	▶	粉紅色麵糰黃豆大小
[鼻豆]	▶	粉紅色麵糰綠豆大小
[臉頰]	▶	白色麵糰 3g
[眼睛]	▶	白色麵糰黃豆大小 × 2
[鼻子]	▶	白色麵糰黃豆大小
[舌頭]	▶	紅色麵糰黃豆大小
[身體]	▶	棕色色麵糰 8g
[手腳]	▶	棕色色麵糰 2g × 4
[尾巴]	▶	棕色色麵糰 1g

工具 Tools

擀麵棍、切麵刀、圓形壓模（直徑 3cm、2cm）、翻糖工具（箭頭形、圓球形、球莖形）、美容剪刀、粉餅筆、牙籤

流程

調色 → 塑型 → 組合 → 發酵 → 蒸製 → 上色

A 調色

1 取白色麵糰 3g，加入紅麴粉，揉勻成粉紅色麵糰。

B 塑型

[玉米]

2 取白色麵糰 35g，搓揉排氣成光滑麵糰，用手掌虎口，靠在桌面上滾圓。

3 搓成長 10cm 的水滴狀（玉米芯）。

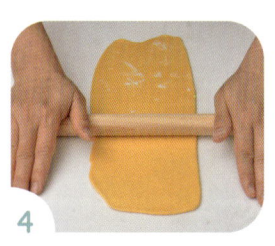

4 取黃色麵糰，用擀麵棍擀成長 12cm 的方形麵片。

Chapter 4 開心農場 103

5 用切麵刀切除邊緣不平整處,再切成寬1cm的麵片。

6 每條黃色麵片用手指捏合成麵條,切口朝下。

7 用切麵刀壓出顆粒紋路,8條一組,其中2條切斷。

8 白色麵糰噴水,黏貼上切斷的黃色麵條,中間空兩格。

9 其他黃色麵條依序排列黏貼上去。

10 用切麵刀切除尾端多出來的黃色麵條,並保留3顆玉米粒。

[玉米葉] ▶▶

11 取綠色麵糰10g,搓揉排氣成光滑麵糰,用手掌虎口,靠在桌面上滾圓。

12 搓成長6cm的水滴狀。

13 用切麵刀稍微壓扁。

14 用擀麵棍擀成葉片狀。

15 用切麵刀壓出玉米葉的細條紋。

16 從中間切開,但保留尾端2cm未切斷。

[松鼠頭部] ▶▶

17 將麵片的切口左右分開。

18 切口從玉米麵糰寬端黏貼側面。

19 將頂端的綠色麵片捏合搓尖。

20 取棕色麵糰10g,搓揉排氣成光滑麵糰,用手掌虎口,靠在桌面上滾圓。

21 取棕色麵糰1g、黃豆大小的粉紅色麵糰,搓成長2cm的梭形。

22 上下重疊,用手指稍微壓扁。

23 用切麵刀切對半。

24 左右並排,用翻糖工具(箭頭形)搓入圓球麵糰頂端。

25 用牙籤按壓固定接合處。

26 取2份綠豆大小的白色麵糰,用手指搓成橢圓。

27 用手指稍微壓扁。

28 左右並排,黏貼在臉部(眼白)。

29 取白色麵糰擀成麵片,壓入直徑3cm圓形壓模。

30 拿掉多餘的麵片,取出圓形麵片。

31 用切麵刀將麵片切對半。

32 切口處用直徑2cm圓形壓模,壓出數字3的曲線。

33 用擀麵棍將邊緣擀薄。

34 切口朝上,黏貼在眼睛下方的1/2處。

35 取黃豆大小的白色麵糰,用手指搓圓。

36 黏貼在臉頰中央(鼻子)。

Chapter 4 開心農場 105

37 用翻糖工具（圓球形）從鼻子麵糰下壓出凹槽。

38 取黃豆大小的紅色麵糰搓成梭形。

39 用切麵刀切對半。

40 切口朝上，黏貼在鼻子下方。

41 用翻糖工具（圓球形）壓出凹槽（嘴巴）。

42 取綠豆大小的粉紅色麵糰，搓圓。

43 黏貼在鼻子上（鼻頭）。

44 取2份棕色麵糰0.5g，搓成細麵條。

[松鼠身體] ▶▶

45 黏貼在眼白麵糰外緣（眼皮）。

46 用美容剪刀在臉頰左右兩邊各剪三刀（鬍鬚）。

47 用粉餅筆沾取紅麴粉，在兩頰刷上腮紅。

48 取棕色麵糰8g，搓成橢圓形。

49 用切麵刀，從其中一端由下而上輕壓。

50 壓出屁股紋路。

51 取黃豆大小的棕色麵糰，用手指滾圓（尾巴）。

52 取2份棕色麵糰4g分別搓成兩端尖細的條狀。

C 組合

53 用切麵刀分切成兩半。

54 切口處用手指稍微壓扁（手腳各2）。

55 玉米側邊刷水，將屁股朝下，黏貼上松鼠身體。

56 身體刷水，將四肢朝上，黏貼上手腳。

57 將松鼠頭部黏貼在身體的尖端。

58 尾巴黏貼在屁股處。

59 玉米粒黏貼在手部。

60 取棕色麵糰3g，搓成細長條狀。

D 發酵

電鍋外鍋倒入10米杯水，加熱至45℃（微冒煙），轉保溫，架蒸籠，放入麵糰，蓋上鍋蓋，待麵糰膨脹至原本尺寸的兩倍大小。詳見「基礎製作流程3」。

E 蒸製

電鍋按下加熱鍵，水滾後放入發酵好的饅頭，蒸12分鐘，關閉電源，燜5～7分鐘，取出成品放涼。詳見「基礎製作流程4」。

61 用切麵刀切成長短不一的長條狀（玉米鬚）。

62 平行黏貼在玉米尾端的縫隙。

F 上色

63 用翻糖工具（球莖形）沾黑色麵糊，蓋印在白色眼球上。

64 用牙籤沾白色麵糊，點在瞳孔上形成反光。

Chapter 4 開心農場 107

成品份量
×4個

Tips

兔子頭部與身體不必與胡蘿蔔黏貼太靠近,避免麵糰發酵時膨大,導致造型擠壓影響到成品美觀。

胡蘿蔔抱抱兔

Carrot&Rabbit

材料 Ingredients

- 橘色麵糰 160g
- 白色麵糰 130g
- 綠色麵糰 24g
- 紅色麵糰 1g
- 紅麴粉適量
- 黑色麵糊少許
- 白色麵糊少許

[胡蘿蔔]	▶	橘色麵糰 40g
		綠色麵糰 6g
		白色麵糰綠豆大小
[白兔頭部]	▶	白色麵糰 10g
[白兔鼻子]	▶	白色麵糰黃豆大小
[鼻豆]	▶	粉紅色麵糰綠豆大小
[嘴巴]	▶	紅色麵糰黃豆大小
[白兔耳朵]	▶	白色麵糰 2g × 2
		粉紅色麵糰黃豆大小 × 2
[白兔身體]	▶	白色麵糰 12g
[白兔手腳]	▶	白色麵糰 2g × 2
[白兔尾巴]	▶	白色麵糰 1g

工具 Tools

擀麵棍、切麵刀、翻糖工具（波浪滾刀、圓錐形、圓球形、球莖形）、細筆刷、粉餅筆、牙籤

流程

調色 ▶ 塑型 ▶ 組合 ▶ 發酵 ▶ 蒸製 ▶
上色

A 調色

B 塑型

[胡蘿蔔] ▶▶

1 取白色麵糰 5g，加入紅麴粉，揉勻成粉紅色麵糰。

2 取橘色麵糰 40g，搓揉排氣成光滑麵糰，用手掌虎口，靠在桌面上滾圓。

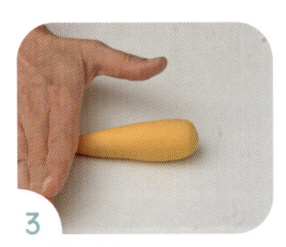

3 再搓成長 12cm 的水滴狀。

4 用切麵刀稍微壓扁（胡蘿蔔）。

Chapter 4 — 開心農場 109

5
取綠色麵片用翻糖工具（波浪滾刀）切成細長三角型麵片（蘿蔔葉）。

6
用翻糖工具（圓錐形）在橘色麵糰寬端中間搓出凹洞。

7
用牙籤將蘿蔔葉的寬底壓入凹洞。

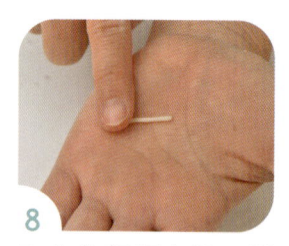

8
取白色麵糰少許，搓成細條狀。

[白兔頭部] ▶▶   [白兔身體] ▶▶

9
用牙籤橫排並貼在胡蘿蔔上（表皮紋路）。

10
取白色麵糰 10g，搓揉排氣成光滑麵糰，滾圓，稍微壓扁（頭部）。

11
取白色麵糰 12g，搓揉排氣成光滑麵糰，用手掌虎口，靠在桌面上滾圓。

12
再搓成長 4cm 的橢圓形（身體）。

[白兔耳朵] ▶▶   [白兔手腳] ▶▶

13
取 2 份白色麵糰 2g、黃豆大小的粉紅色麵糰，搓成細長水滴狀。

14
將粉紅色麵糰重疊在白色麵糰上，稍微輕壓貼合。

15
再用手指將尖端壓扁。

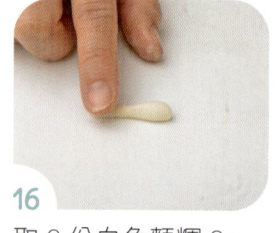

16
取 2 份白色麵糰 2g，搓成水滴狀，再將尖端稍微搓長。

[白兔尾巴] ▶▶   [白兔鼻子] ▶▶

17
寬端用牙籤壓出兩條指紋。

18
再將指紋往內推成手掌狀。

19
取白色麵糰 1g，用手指滾圓。

20
取 1 份黃豆大小的白色麵糰，用手指滾成橢圓形。

C 組合

21 胡蘿蔔側邊刷水,將頭部靠著黏貼。

22 頭部下方刷水,黏貼上身體並靠著胡蘿蔔。

23 頭部上方刷水,將耳朵壓扁處黏貼上去。

24 手腳刷水,手掌抱著胡蘿蔔,另一端黏貼在身體。

25 在腳後端刷水,黏貼上尾巴。

26 鼻子黏貼在臉部中間,用翻糖工具(圓球形)壓出凹槽(嘴巴)。

27 取黃豆大小的紅色麵糰,搓成梭形並壓扁。

28 用切麵刀切對半,用牙籤取一片。

29 切口朝上黏貼在凹槽,用翻糖工具(圓球形)輕壓固定。

30 取1份綠豆大小的粉紅色麵糰滾圓,黏貼在鼻子上。

31 用粉餅筆沾取紅麴粉,在兩頰刷上腮紅。

D 發酵

電鍋外鍋倒入10米杯水,加熱至45°C(微冒煙),轉保溫,架蒸籠,放入麵糰,蓋上鍋蓋,待麵糰膨脹至原本尺寸的兩倍大小。詳見「基礎製作流程3」。

E 蒸製

電鍋按下加熱鍵,水滾後放入發酵好的饅頭,蒸12分鐘,關閉電源,燜5～7分鐘,取出成品放涼。詳見「基礎製作流程4」。

F 上色

32 用翻糖工具(球莖形)沾黑色麵糊,蓋印上眼睛。

33 用細筆刷沾黑色墨汁,畫上眉毛、眼睫毛。

34 用牙籤沾白色麵糊,點在瞳孔上形成反光。

Chapter 4 開心農場 111

成品份量
×3個

千層螺旋花包
Floral bun

Ingredients 材料

- ○ 白色麵糰 69g
- ● 紅色麵糰 60g
- ● 黃色麵糰 65g
- ● 綠色麵糰 9g
- ● 紅豆餡 60g

[千層螺旋包] ▶ 白色麵糰 20g
　　　　　　　　黃色麵糰 20g
　　　　　　　　紅色麵糰 20g
[白花] ▶ 白色麵糰 1g × 3
　　　　　黃色麵糰黃豆大小
[綠葉] ▶ 綠色麵糰 1g × 3

Tools 工具

擀麵棍、切麵刀、菜刀、花朵壓模、翻糖工具（星形）、牙籤

流程

塑型 ▶ 組合 ▶ 發酵 ▶ 蒸製

A 塑型

[千層螺旋包] ▶▶

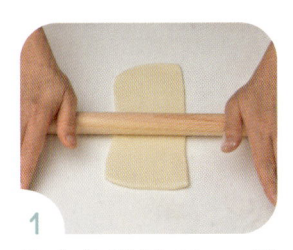

1 取白色麵糰 60g，擀成長 15cm× 寬 6cm 的光滑麵片。

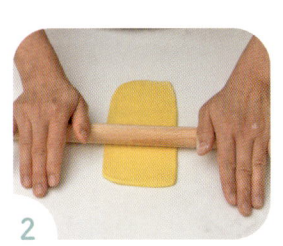

2 取黃色麵糰 60g，擀成長 15cm× 寬 6cm 的光滑麵片。

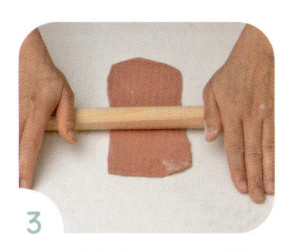

3 取紅色麵糰 60g，擀成長 15cm× 寬 6cm 的光滑麵片。

4 將白色麵片噴水，重疊上黃色麵片，黏貼。

5 將黃色麵片噴水，重疊上紅色麵片，黏貼。

6 用擀麵棍擀開成長 20cm× 寬 8cm。

7 用切麵刀從長邊對切成兩條麵片。

8 將兩條麵片上下重疊。

Chapter 4 — 開心農場　113

6 用擀麵棍擀成長 30cm× 寬 7.5cm× 厚 0.5cm。

7 將下方稍微擀薄,噴水。

8 由上方捲起,手指壓緊,重複動作一次。

9 由上往下捲起成圓柱狀。

10 用菜刀切成 3 等份,每份 60g。

11 切面朝上,用切麵刀壓扁。

12 用擀麵棍擀成圓麵片。

13 再將邊緣擀薄,擀成直徑 8cm。

14 麵片中央放上紅豆餡 20g。

15 一手拇指壓著內餡,另一手捏合麵皮。

16 使麵皮包覆內餡,收口捏緊。

17 用手掌虎口,在桌面上搓圓。

[**白花**] ▶▶

18 再用雙手稍微搓高。

19 取白色麵糰用擀麵棍擀成光滑麵片。

20 麵片壓入花朵壓模。

21 拿掉多餘的麵片,取出花朵麵片。

22 取黃豆大小的黃色麵糰，用手指滾圓。

23 黏貼在花朵麵片中央，稍微壓扁。

24 用翻糖工具（星形）插在花朵中央。

25 用手指將每片花瓣麵糰往翻糖工具按壓出紋路。

[綠葉] ▶▶

B 組合

26 取 3 份綠色麵糰 1g 搓成水滴狀。

27 用手指稍微壓扁。

28 用牙籤壓出葉脈紋路。

29 螺旋包頂端刷水，黏貼上綠葉成一圈。

C 發酵

電鍋外鍋倒入 10 米杯水，加熱至 45℃（微冒煙），轉保溫，架蒸籠，放入麵糰，蓋上鍋蓋，待麵糰膨脹至原本尺寸的兩倍大小。詳見「基礎製作流程 3」。

D 蒸製

電鍋按下加熱鍵，水滾後放入發酵好的饅頭，蒸 12 分鐘，關閉電源，燜 5～7 分鐘，取出成品放涼。詳見「基礎製作流程 4」。

30 中間在黏貼上白花點綴。

Tips

・千層螺旋包的顏色，可依個人喜好變化，也能做成五顏六色或七彩彩虹也很美喔！
・點綴的白色花朵、綠葉，可依個人喜好變化。

Chapter 4 開心農場

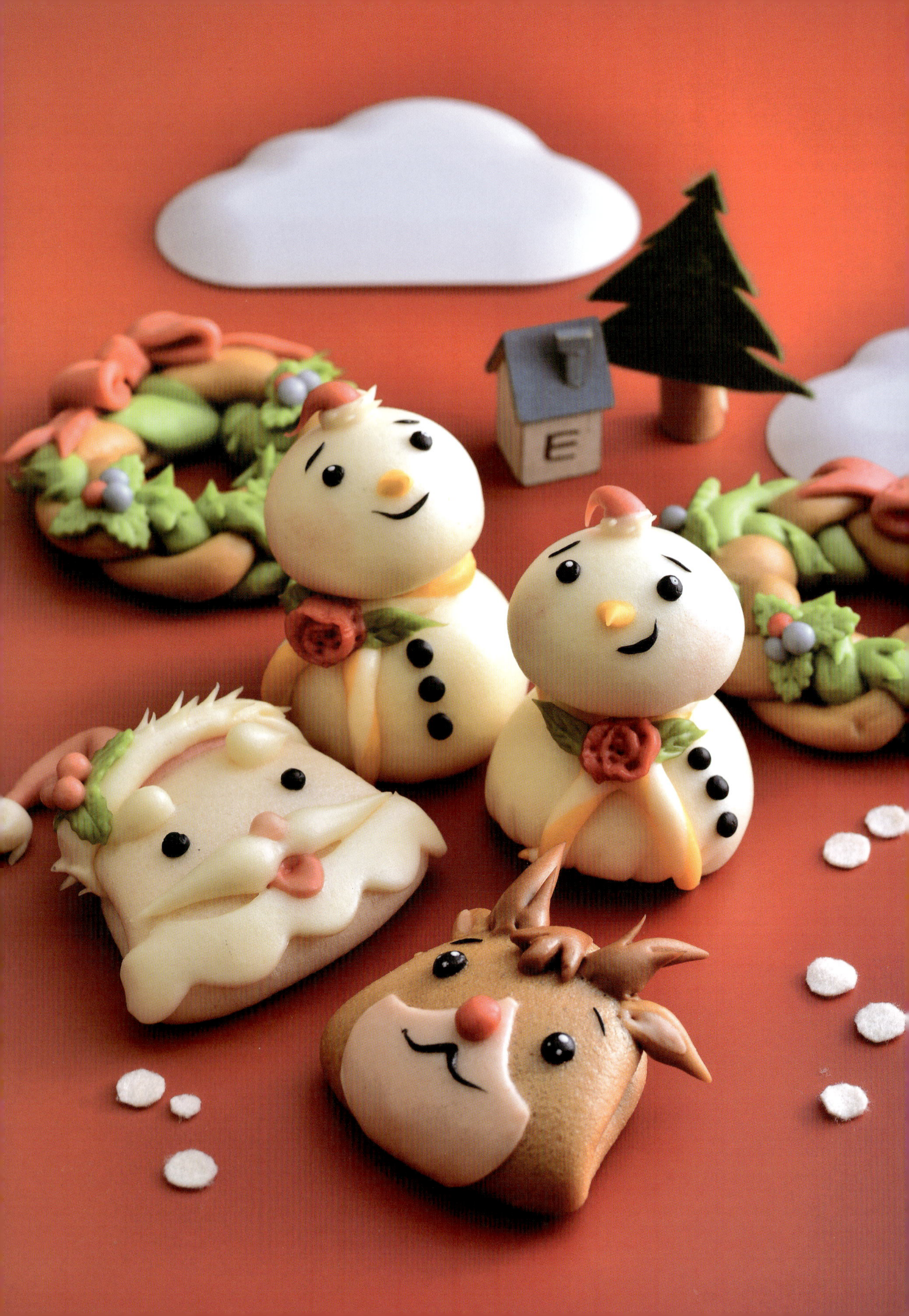
E

Chapter

5

西方節慶

為餐桌增添
異國情調與
歡樂氣息！

　　叮叮噹，聖誕快樂！將麵糰揉捏出充滿歡樂與奇幻色彩的西方節慶盛裝，發出「齁齁齁」笑聲的慈祥聖誕老公公，以及載著聖誕老人奔跑而來的聖誕馴鹿，都將化身為可愛的刈包，還有裝飾門面的聖誕花圈與宛如在雪地上堆起的聖誕雪人，當然，也少不了鬼靈精怪的萬聖節南瓜！讓我們運用巧手，將節慶的熱鬧氛圍融入每一個造型饅頭中，為餐桌增添濃濃的異國情調與歡樂氣息！準備好一起歡慶了嗎？

成品份量 ×3個

聖誕老公公刈包

Santa Claus

材料 Ingredients

- 白色麵糰 60g
- 膚色麵糰 150g
- 紅色麵糰 30g
- 黑色麵糰 3g
- 綠色麵糰 6g
- 紅麴粉少許

[臉蛋] ▶ 膚色麵糰 50g
[聖誕帽] ▶ 紅色麵糰 7g
[帽圍] ▶ 白色麵糰 5g
[帽球] ▶ 白色麵糰 1g
[帽飾] ▶ 紅色麵糰黃豆大小 × 3
　　　　綠色麵糰 2g
[腮鬍] ▶ 白色麵糰 8g
[八字鬍] ▶ 白色麵糰 3g
[舌頭] ▶ 紅色麵糰黃豆大小
[鼻子] ▶ 粉紅色麵糰 1g
[眼睛] ▶ 黑色麵糰綠豆大小 × 2
[眉毛] ▶ 白色麵糰 1g × 2

工具 Tools

擀麵棍、切麵刀、細筆桿、玫瑰花切模、樹葉壓模、美容剪刀、翻糖工具（葉片形）

流程

調色 ▶ 塑型 ▶ 組合 ▶ 發酵 ▶ 蒸製

A 調色

1 取白色麵糰 3g，加入少許紅麴粉，揉勻成粉紅色麵糰。

B 塑型

[臉蛋] ▶▶

2 取膚色麵糰 50g，搓揉排氣成光滑麵糰，用手掌虎口，靠在桌上滾圓。

3 再搓成長 6cm 的橢圓形。

4 用切麵刀稍微壓扁。

Chapter 5 — 西方節慶　119

[聖誕帽] ▶▶

5 用擀麵棍將麵糰擀成 13cm×6cm 的橢圓形麵片。

6 將麵片光滑面朝下，前後對折，中間夾入饅頭紙。

7 取紅色麵糰，用擀麵棍擀成厚 0.3cm 的麵片。

8 用切麵刀切成高 7cm× 寬 6cm 的三角形。

9 用擀麵棍將四邊擀薄（帽身）。

10 取白色麵糰 5g，搓成長 5cm 的麵條。

11 用擀麵棍將兩端擀薄（帽圍絨毛）。

12 取白色麵糰 1g，用手指滾圓（毛球）。

13 取綠色麵糰，用擀麵棍擀成麵片。

14 壓入樹葉壓模。

15 拿掉多餘的麵片，取出樹葉麵片。

16 用牙籤將樹葉紋路壓得更明顯（綠葉）。

[腮鬍] ▶▶

17 取 3 份黃豆大小的紅色麵糰，滾圓（果實）。

18 取白色麵糰用擀麵棍擀成厚 0.3cm 的麵片。

19 麵片壓入長 9cm× 寬 4cm 的玫瑰花切模。

20 拿掉多餘的麵片，取出麵片。

[八字鬍] ▶▶

21 用切麵刀切對半，取一片麵片。

22 用擀麵棍將切面擀薄。

23 再將左右兩端也擀薄。

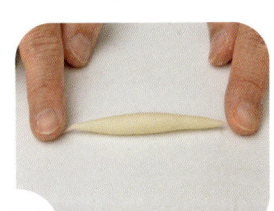

24 取白色麵糰 3g，搓成長 4cm 的梭形。

[舌頭] ▶▶

25 用細筆桿將中間搓出凹痕。

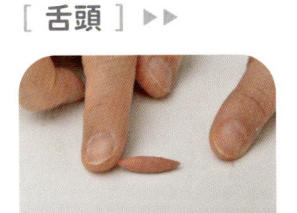

26 取黃豆大小的紅色麵糰，搓成長 1cm 的梭形。

27 用手指稍微壓扁。

28 用切麵刀切對半。

[鼻子] ▶▶　　[眼睛] ▶▶　　[眉毛] ▶▶　　///// C 組合 /////

29 取粉紅色麵糰 1g，滾圓。

30 取 2 份綠豆大小的黑色麵糰，滾圓。

31 取 2 份白色麵糰 1g，搓成水滴狀。

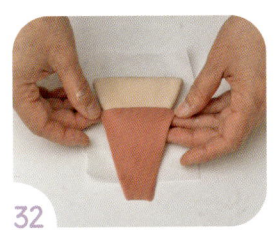

32 臉蛋開口 1/3 處刷水，黏貼上帽身底部，左右多餘麵片往內折起。

33 帽身尖端用手指搓成尖長條狀。

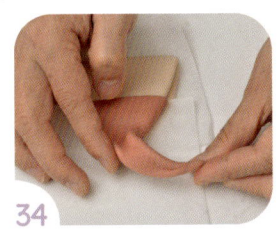

34 稍微彎曲帽身尖端。

35 絨毛沿著帽身與臉蛋接合處黏貼，左右多餘麵片往內折起。

36 腮鬍切面朝上，黏貼在臉蛋 1.5cm 處，左右多餘麵片往內折起。

Chapter — 5 — 西方節慶　121

37
腮鬍中間黏貼上一片舌頭。

38
八字鬍凹痕黏貼在舌頭上方。

39
用翻糖工具（葉片形）插入凹痕與舌頭之間。

40
鼻子黏貼在八字鬍凹痕上。

41
帽緣下方左右黏貼上眉毛。

42
眉毛下面左右黏貼上黑色眼睛。

43
帽子絨毛上黏貼上綠葉裝飾。

44
綠葉上再黏貼上 3 個果實。

45
聖誕帽尖端黏貼上毛球。

46
用美容剪刀，將帽緣白麵條剪出毛絨狀。

47
再將聖誕帽尖端白色麵糰剪出毛絨狀。

//// **D** 發酵 ////

電鍋外鍋倒入 10 米杯水，加熱至 45℃（微冒煙），轉保溫，架蒸籠，放入麵糰，蓋上鍋蓋，待麵糰膨脹至原本尺寸的兩倍大小。詳見「基礎製作流程 3」。

//// **E** 蒸製 ////

電鍋按下加熱鍵，水滾後放入發酵好的饅頭，蒸 12 分鐘，關閉電源，燜 5～7 分鐘，取出成品放涼。詳見「基礎製作流程 4」。

122

聖誕馴鹿
Reindeer

材料 Ingredients

- 棕色麵糰 208g
- 白色麵糰 52g
- 紅色麵糰 4g
- 黑色麵糰 6g
- 紅麴粉適量
- 可可粉適量
- 白色麵糊少許

[臉蛋]	棕色麵糰 50g
[耳朵]	棕色麵糰 2g
	粉紅色麵糰 1g
[臉頰]	粉紅色麵糰 5g
[鼻子]	紅色麵糰 1g
[眼睛]	黑色麵糰綠豆大小 × 2
[嘴巴]	黑色麵糰少許
[眉毛]	黑色麵糰少許 × 2
[鹿角]	咖啡色麵糰 5g
[瀏海]	咖啡色麵糰 2g

工具 Tools

擀麵棍、切麵刀、圓形壓模（直徑 4cm、3.5cm）、翻糖工具（箭頭形、圓錐形）、美容剪刀、牙籤

流程

調色 → 塑型 → 組合 → 發酵 → 蒸製 → 上色

A 調色

1. 取白色麵糰 24g，加入紅麴粉，揉勻成粉紅色麵糰。

2. 取白色麵糰 28g，加入可可粉，揉勻成咖啡色麵糰。

B 塑型

[臉蛋] ▶▶

3. 取棕色麵糰 50g，用手掌虎口，靠在桌上滾圓。

4. 再搓成長 6cm 的橢圓形。

Chapter 5 — 西方節慶

[耳朵] ▶▶

5
用切麵刀稍微壓扁。

6
再用擀麵棍擀成 13cm×6cm 的橢圓形麵片。

7
將麵片光滑面朝下，前後對折，中間夾入饅頭紙。

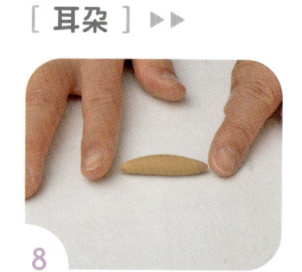

8
取棕色麵糰 2g，搓成梭形。

9
取粉紅色麵糰 1g，搓成梭形。

10
兩條上下重疊，用手指稍微壓扁。

11
用切麵刀切對半。

12
垂直切口，用牙籤壓出耳朵紋路。

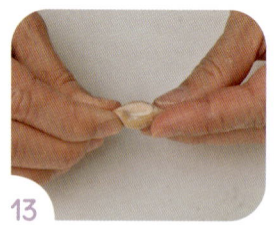

[臉頰] ▶▶

13
將切口捏合，另一端捏尖。

14
取粉紅色麵糰 24g，用擀麵棍擀成厚 0.2cm 的麵片。

15
用直徑 4cm 的圓形壓模，壓入麵片。

16
拿掉多餘的部分，取出圓形麵片。

[鼻子] ▶▶

17
用直徑 3.5cm 的圓形壓模，切除圓形麵片的左邊 1/3。

18
再切除圓形麵片的右邊 1/3。

19
用擀麵棍將切口的另一邊擀薄。

20
取紅色麵糰 1g，滾圓。

[眼睛] ▶▶　　[嘴巴] ▶▶　　[眉毛] ▶▶　　[鹿角] ▶▶

21 取 2 份綠豆大小的黑色麵糰，滾圓。

22 取黑色麵糰少許，搓成細長條狀。

23 取黑色麵糰少許，搓成細長的水滴狀。

24 取咖啡色麵糰 5g，搓成長 6cm 的梭形。

[瀏海] ▶▶

25 用切麵刀對切成兩半。

26 用美容剪刀將切口剪兩刀成尖角。

27 取咖啡色麵糰 2g，搓成水滴狀。

28 用手掌將寬端稍微壓扁。

ⓒ 組合

29 用美容剪刀將寬端剪兩刀。

30 臉蛋開口左右側面黏貼上耳朵。

31 用翻糖工具（箭頭形）搓入耳朵。

32 再用牙籤固定接合處。

33 臉頰切口朝上，沿著臉蛋下緣黏貼。

34 用翻糖工具（圓錐形）滾壓麵片使其服貼。

35 臉頰的正中間黏貼上鼻頭。

36 臉頰切口的左右兩邊黏貼上眼睛。

37
嘴巴細線條，中間用牙籤稍微搓細。

38
用牙籤折起成 V 字形。

39
黏貼在鼻頭下方，兩端用牙籤往上推成微笑。

40
兩眼上方黏貼上眉毛。

//// **D** 發酵 ////

電鍋外鍋倒入 10 米杯水，加熱至 45℃（微冒煙），轉保溫，架蒸籠，放入麵糰，蓋上鍋蓋，待麵糰膨脹至原本尺寸的兩倍大小。詳見「基礎製作流程 3」。

//// **E** 蒸製 ////

電鍋按下加熱鍵，水滾後放入發酵好的饅頭，蒸 12 分鐘，關閉電源，燜 5～7 分鐘，取出成品放涼。詳見

41
兩耳旁邊，垂直並排黏貼上鹿角。

42
鹿角中間黏貼上瀏海。

//// **F** 上色 ////

43
「基礎製作流程 4」。用牙籤沾白色麵糊，點在眼睛上形成反光。

Tips

瀏海的部分也可以更換成聖誕帽，斟酌變換造型，也是非常可愛。

成品份量
×4個

成品份量
×4 個

128

聖誕花圈
Christmas wreath

材料 Ingredients

- 棕色麵糰 120g
- 綠色麵糰 144g
- 紅色麵糰 64g
- 藍色麵糰 10g

[花圈] ▶ 棕色麵糰 30g
　　　　 綠色麵糰 30g
[蝴蝶結] ▶ 紅色麵糰 15g
[綠葉] ▶ 綠色麵糰 6g
[果實] ▶ 藍色麵糰 3g
　　　　 紅色麵糰 1.5g

工具 Tools

擀麵棍、切麵刀、圓形壓模（直徑 4cm）、樹葉壓模、美容剪刀、牙籤

流程

塑型 ▶ 組合 ▶ 發酵 ▶ 蒸製

A 塑型

[花圈] ▶▶

1 取棕色麵糰 120g，用擀麵棍擀成長 15cm× 寬 10cm× 厚 1cm 的麵片。

2 用切麵刀分切成 4 等份。

3 取一份麵片再對切成 2 等份。

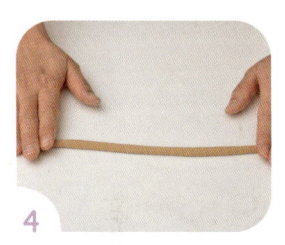

4 搓成長 22cm 的棕色細長麵條。

5 取綠色麵糰 120g，用擀麵棍擀成長 15cm× 寬 10cm× 厚 1cm 的麵片。

6 用切麵刀分切成 4 等份。

7 取一份麵片再對切成 2 等份。

8 搓成長 22cm 的綠色細長麵條。

Chapter 5 ─ 西方節慶　129

[蝴蝶結] ▶▶

9 取紅色麵糰,用擀麵棍擀成厚 0.3cm 的麵片。

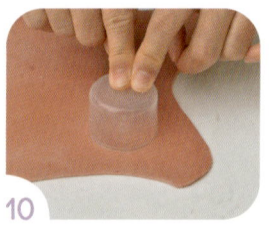

10 用直徑 4cm 的圓形壓模,壓入麵片 2 次。

11 拿掉多餘的部分,取出圓形麵片,2 片為 1 組。

12 用切麵刀從 1/3 分切成大小 2 片。

13 將大片的切口稍微覆蓋小片。

14 再將麵片左右對折。

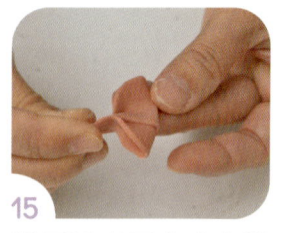

15 從圓弧處捏合成半邊蝴蝶結。

16 重複動作,將兩邊蝴蝶結黏合在一起。

17 取紅色麵糰麵片,切成長方形麵片。

18 纏繞蝴蝶結黏合處一圈(蝴蝶結)。

19 取紅色麵糰麵片,用切麵刀切成長 4cm× 寬 1cm 的長麵片 2 片 1 組。

20 再用切麵刀切成長梯形。

[綠葉 & 果實] ▶▶

21 用美容剪刀剪出 V 字缺口(緞帶)。

22 取綠色麵糰,用擀麵棍擀成麵片。

23 用樹葉壓模壓入麵片。

24 拿掉多餘的麵片,取出樹葉麵片 3 片。

////////////// Ⓑ **組合** //////////////

25 用牙籤將樹葉紋路壓得更明顯（綠葉）。

26 取3份黃豆大小的藍色麵糰、紅色麵糰，滾圓（果實）。

27 將花圈麵條棕色、綠色各2條間隔並排。

28 用手指將中一端捏合。

29 先將四條麵條拉開。

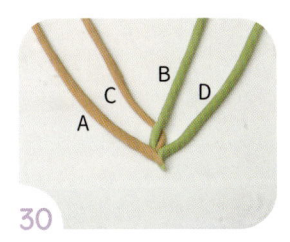

30 B疊在C上，兩條麵條交錯。

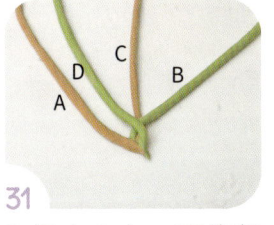

31 D疊在B上，兩條麵條交錯。

32 A疊在D上，兩條麵條交錯。

33 B疊在A上，兩條麵條交錯。

34 C疊在B上，兩條麵條交錯。

35 D疊在C上，兩條麵條交錯。

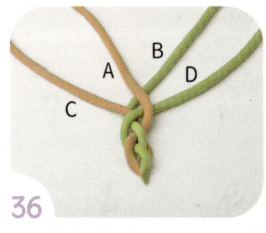

36 A再次疊在D上，重複上述動作，打成辮子。

37 用手指將末端捏合。

38 兩端用手指搓尖。

39 將麵條兩端對接成圓圈。

40 接口處黏貼上緞帶麵片成八字。

Chapter — 5 — 西方節慶　131

41 中間黏貼上蝴蝶結。

42 花圈黏貼上綠葉麵片。

43 綠葉上黏貼上 3 個果實麵糰。

44 用美容剪刀將花圈的綠色麵條剪成刺狀。

//// **C 發酵** ////

電鍋外鍋倒入 10 米杯水,加熱至 45℃(微冒煙),轉保溫,架蒸籠,放入麵糰,蓋上鍋蓋,待麵糰膨脹至原本尺寸的兩倍大小。詳見「基礎製作流程 3」。

//// **D 蒸製** ////

電鍋按下加熱鍵,水滾後放入發酵好的饅頭,蒸 12 分鐘,關閉電源,燜 5〜7 分鐘,取出成品放涼。詳見「基礎製作流程 4」。

Tips

製作花圈的麵條,粗細度必須盡量一致,編織起來才會好看。

聖誕雪人
Snowman

材料 Ingredients

- 白色麵糰 243g
- 紅色麵糰 12g
- 綠色麵糰 6g
- 黑色麵糰 6g
- 黃色麵糰 18g
- 紅麴粉少許
- 白色麵糊少許
- 紅豆沙餡 39g

[身體]	白色麵糰 45g
[圍巾]	黃色麵糰 5g
	白色麵糰 5g
[綠葉]	綠色麵糰 1g × 2
[花朵]	紅色麵糰 2g
[鈕扣]	黑色麵糰黃豆大小 × 3
[頭部]	白色麵糰 30g
[眼睛]	黑色麵糰綠豆大小 × 2
[鼻子]	黃色麵糰黃豆大小
[眉毛]	黑色麵糰少許 × 2
[嘴巴]	黑色麵糰少許
[帽子]	紅色麵糰 2g
	白色麵糰 1g

工具 Tools

擀麵棍、切麵刀、翻糖工具（圓球形、貝殼形）、美容剪刀、粉餅筆、牙籤

流程

塑型 ▶ 1次發酵 & 蒸製 ▶ 組合 ▶ 2次發酵 & 蒸製 ▶ 蒸製 ▶ 上色

A 塑型

[身體] ▶▶

1 取白色麵糰 45g，搓揉排氣成光滑麵糰，用手掌虎口，在桌上滾圓。

2 用切麵刀稍微壓扁。

3 用擀麵棍擀成圓麵片。

4 再將邊緣擀薄，擀成直徑 7cm。

Chapter 5 — 西方節慶

5 麵片中央放上紅豆沙餡 13g。

6 一手拇指壓著內餡，另一手捏合麵皮。

7 使麵皮包覆內餡，收口捏緊。

8 收口處朝下，稍微滾圓。

9 用雙手搓高至 4cm。

10 用翻糖工具（圓球形）將頂端壓出凹槽（脖子）。

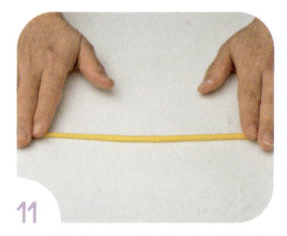

11 取黃色、白色麵糰各 5g，搓成兩端尖細的 12cm 麵條。

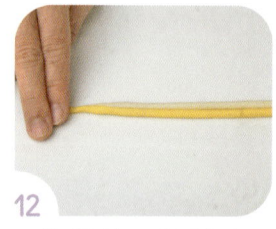

12 2 條麵條兩端對齊，並排在桌面上。

13 雙手手掌一前一後搓成麻花狀。

14 用擀麵棍擀成麵條（圍巾）。

15 麵條圍繞脖子一圈，交叉黏貼固定。

16 取 2 份綠色麵糰 1g 搓成水滴狀。

17 用手指稍微壓扁。

18 用牙籤壓出葉脈紋路（綠葉）。

19 一左一右，中間保留空間，黏貼在圍巾麵條交叉處。

20 取紅色麵糰 2g，搓成長 10cm 的細麵條。

134

21 用擀麵棍擀平成微薄麵片。

22 用翻糖工具（貝殼形）壓出波浪紋路。

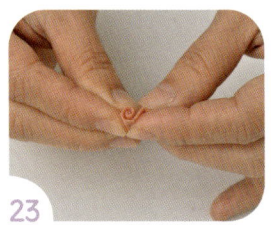

23 一手捏著底端，邊轉動麵片。

24 另一隻手一邊捲一邊折成花朵。

25 用切麵刀切除底部尖端。

26 黏貼在綠葉之間。

27 用牙籤稍微撥開花瓣。

28 取 3 份黃豆大小的黑色麵糰，滾圓。

29 直排黏貼在身體麵糰上。

30 放在饅頭紙上，進行發酵、蒸製。

[頭部] ▶▶

31 取白色麵糰 30g，搓揉排氣成光滑麵糰，用手掌虎口，靠在桌上滾圓。

32 用雙手將麵糰稍微搓高。

33 取 2 份綠豆大小的黑色麵糰，滾圓。

34 左右保留一點間隔，黏貼在臉片正上方（眼睛）。

35 取黃豆大小的黃色麵糰，搓成水滴狀。

36 用切麵刀將寬端切除。

Chapter 5 — 西方節慶　135

37 黏貼在臉部正中間（鼻子）。	**38** 取3份黑色麵糰少許，搓成細條狀。	**39** 1條黏貼在在鼻子下方，並呈現上揚的弧度（嘴巴）。	**40** 2條黏貼在眼睛上方（眉毛）。
41 取紅色麵糰2g，搓成長水滴狀。	**42** 用切麵刀切除寬端。	**43** 取白色麵糰1g，搓成長麵條。	**44** 圍繞紅色麵糰的切口處。
45 用美容剪刀，將白色麵糰剪出絨毛（聖誕帽）。	**46** 黏貼在頭部頂端。	**47** 用粉餅筆沾取紅麴粉，在兩頰刷上腮紅。	**48** 放在饅頭紙上，進行發酵、蒸製。

//// **B** 發酵 ////

電鍋外鍋倒入10米杯水，加熱至45°C（微冒煙），轉保溫，架蒸籠，放入麵糰，蓋上鍋蓋，待麵糰膨脹至原本尺寸的兩倍大小。詳見「基礎製作流程3」。

//// **C** 蒸製 ////

電鍋按下加熱鍵，水滾後放入發酵好的饅頭，蒸12分鐘，關閉電源，燜5～7分鐘，取出成品放涼。詳見「基礎製作流程4」。

//// **D** 組合 ////

49 頭部、身體用三秒膠麵糊黏合，回蒸3分鐘。

//// **E** 上色 ////

50 用牙籤沾白色麵糊，點在眼睛上形成反光。

成品份量 ×3個

Tips

- 雪人身體與頭部盡量搓高一些，避免蒸製後變塌。
- 頭部與身體可以插入棒棒糖棍來固定，讓成品頭部能轉動，更可愛！

成品份量
×4個

萬聖節南瓜

Halloween pumpkin

材料 Ingredients

- 橘色麵糰 204g
- 綠色麵糰 24g
- 黑色麵糰 32g
- 芝麻餡 80g

[南瓜] ▶ 橘色麵糰 50g
[巫帽] ▶ 黑色麵糰 4g
　　　　 橘色麵糰 1g
[五官] ▶ 黑色麵糰 4g
[藤蔓] ▶ 綠色麵糰 6g

工具 Tools

擀麵棍、切麵刀、圓形壓模（直徑 2cm、直徑 3cm）、樹葉壓模、美容剪刀、牙籤

流程

塑型 → 組合 → 發酵 → 蒸製

A 塑型

[南瓜] ▶▶

1 取橘色麵糰 50g，搓揉排氣成光滑麵糰，用手掌虎口，靠在桌上滾圓。

2 用切麵刀稍微壓扁。

3 用擀麵棍擀成圓麵片。

4 再將邊緣擀薄，擀成直徑 8cm。

5 麵片中央放上芝麻餡 20g。

6 一手拇指壓著內餡，另一手捏合麵皮。

7 使麵皮包覆內餡，收口捏緊。

8 收口處朝下，稍微滾圓。

Chapter 5 — 西方節慶　139

[巫帽] ▶▶

9 用雙手搓高至 4cm。

10 用切麵刀在麵糰頂端輕壓出米字標線。

11 在沿著記號由上而下,將側邊壓出紋路。

12 取黑色麵糰擀成麵片,壓入直徑 2cm 圓形壓模。

13 拿掉多餘的麵片,取出圓形麵片。

14 取黑色麵糰 3g,搓成 3cm 長水滴狀。

15 取橘色麵糰 1g,搓成細長條狀。

16 從底部螺旋纏繞水滴麵糰。

[五官] ▶▶

17 用切麵刀切除寬端。

18 切口黏貼在黑色圓型麵片上。

19 取黑色麵糰擀成麵片,壓入直徑 3cm 圓形壓模。

20 拿掉多餘的麵片,取出圓形麵片。

21 用圓形壓模切除 2／3 的麵片成半月亮形。

22 用美容剪刀,剪出兩個 ㄇ 字型缺口(嘴巴)。

23 取黑色麵糰擀成麵片,切成 1cm 長方形。

24 再將長方形切對角成 2 片三角形(眼睛)。

140

[藤蔓] ▶▶

25 取綠豆大小的黑色麵糰，搓圓（鼻子）。

26 取綠色麵糰擀成麵片，壓入樹葉壓模。

27 拿掉多餘的麵片，取出樹葉麵片。

28 用牙籤將樹葉紋路壓得更明顯（綠葉）。

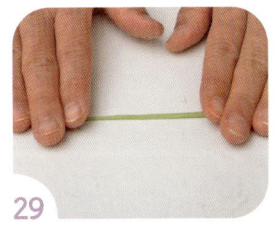

///////////////////////// Ⓑ **組合** /////////////////////////

29 取綠色麵糰 2g，搓成細長條狀 2 條（藤蔓鬚）。

30 南瓜麵糰頂端黏貼上巫帽。

31 臉部黏貼上眼睛、鼻子、嘴巴。

32 巫帽邊緣黏貼上藤蔓鬚。

33 用牙籤將麵條捲成一圈圈。

34 黏貼上綠葉麵片點綴。

//// Ⓑ **發酵** ////

電鍋外鍋倒入 10 米杯水，加熱至 45℃（微冒煙），轉保溫，架蒸籠，放入麵糰，蓋上鍋蓋，待麵糰膨脹至原本尺寸的兩倍大小。詳見「基礎製作流程 3」。

//// Ⓒ **蒸製** ////

電鍋按下加熱鍵，水滾後放入發酵好的饅頭，蒸 12 分鐘，關閉電源，燜 5～7 分鐘，取出成品放涼。詳見「基礎製作流程 4」。

Tips

南瓜紋路要壓深一點，蒸製後凹痕才不會模糊，影響成品美觀。

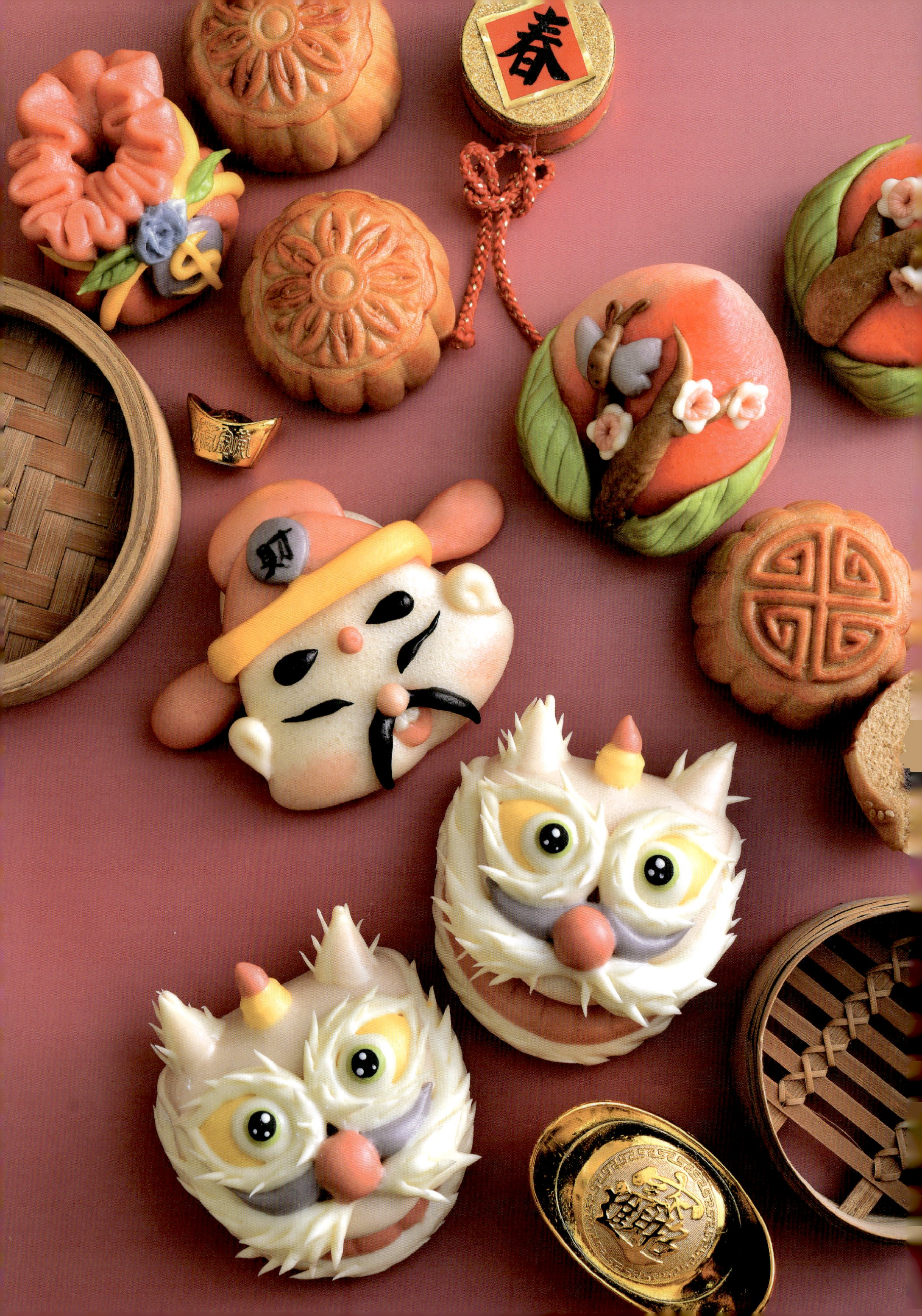
春

Chapter

6

中式節慶

揉捏出
喜悅祝福的
傳統節慶
韻味！

　　鑼鼓喧天，喜氣洋洋！我們將以麵糰為繪筆，描繪出充滿傳統文化韻味的節慶景象。威武的舞獅將躍然於刈包之上，帶來熱鬧與活力；福態的財神爺將送上滿滿的財運；還有象徵團圓的中秋月餅、裝滿祝福的招財福袋，以及寓意長壽的櫻花壽桃，都將從手中精巧呈現。讓我們一同揉捏出節日的喜悅與祝福，為餐桌增添濃厚的東方年節氣息！

成品份量 ×3個

舞獅刈包

Lion dance

材料 Ingredients

- 白色麵糰 285g
- 紅色麵糰 22.5g
- 黃色麵糰 15g
- 紫色麵糰 9g
- 綠色麵糰 3g
- 紅麴粉適量
- 黑色麵糊少許
- 白色麵糊少許

[臉蛋] ▶ 粉紅色麵糰 55g
[舌頭] ▶ 紅色麵糰 5g
[牙齒] ▶ 白色麵糰 8g
[下顎鬃毛] ▶ 白色麵糰 10g
[眼睛] ▶ 黃色麵糰 2g × 2
　　　　　白色麵糰 1g × 2
　　　　　綠色麵糰 0.5g × 2
[眼圈] ▶ 白色麵糰 3g × 2
[上顎鬃毛] ▶ 白色麵糰 10g
[鬍鬚] ▶ 紫色麵糰 3g
[鼻子] ▶ 紅色麵糰 1g
[耳朵] ▶ 白色麵糰 3g
　　　　粉紅色麵糰 1g
[臉頭冠] ▶ 黃色麵糰 1g
　　　　　紅色麵糰 1.5g

工具 Tools

擀麵棍、切麵刀、翻糖工具（圓球形、球莖形）、美容剪刀、葉子壓模、小花壓模、圓形壓模（直徑1.5cm、0.5cm）、細筆桿、牙籤

流程

調色 ▶ 塑型 ▶ 發酵 ▶ 蒸製 ▶ 上色

A 調色

[臉蛋] ▶▶

1 取白色麵糰168g加入少許紅麴粉，揉勻成粉紅色麵糰。

B 塑型

2 取粉紅色麵糰55g，搓揉排氣成光滑麵糰，用手掌虎口，靠在桌面上滾圓。

3 再搓成長6cm的橢圓形。

4 使用切麵刀稍微壓扁。

Chapter 6 — 中式節慶

[舌頭] ▸▸

5 用擀麵棍13cm×7cm的橢圓形麵片。

6 翻面，光滑面朝下，放在饅頭紙上，備用。

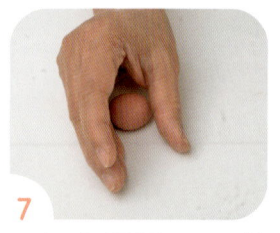

7 取紅色麵糰10g，搓揉排氣成光滑麵糰，用手掌虎口，靠在桌面上滾圓。

8 再搓成長4cm的橢圓形。

9 用擀麵棍擀至長9cm×寬4.5cm的橢圓形麵片。

10 用切麵刀對切成兩片舌頭形狀。

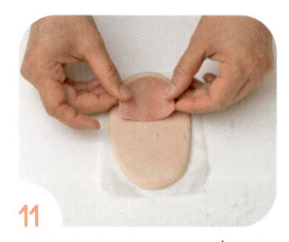

11 粉紅色麵片下方1/2處刷水，邊緣保留1cm，黏貼上半片紅色麵片。

[牙齒] ▸▸

12 取紅色麵糰8g，搓成長13cm的麵條。

13 用切麵刀等距輕壓，壓出牙齒痕跡。

14 黏貼在舌頭下方的外緣。

[下顎鬃毛] ▸▸

15 取白色麵糰10g，搓成長15cm的光滑麵條。

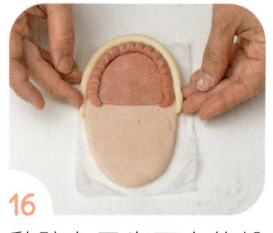

16 黏貼在牙齒下方的粉紅色麵片的外圍。

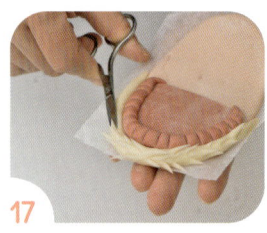

17 用美容剪刀，剪出毛茸茸的鬃毛。

18 下半部放上饅頭紙。

19 將粉紅色麵片對折，備用。

[眼睛] ▸▸

20 取黃色麵糰擀成麵片，壓入葉子壓模。

21 拿掉多餘的麵片，取出 2 片葉子麵片。

22 取白色麵糰擀成麵片，用直徑 1.5cm 圓形壓模壓出 2 片。

23 取綠色麵糰擀成麵片，用直徑 0.5cm 圓形壓模壓出 2 片。

24 依序疊上三色麵片，稍微壓扁，使其密合。

[眼圈] ▶▶

[上顎鬃毛] ▶▶

25 將眼睛的眼尾往上斜，間隔 1cm 左右並排黏貼在臉蛋中間。

26 取 2 份白色麵糰 3g，搓成長 10cm 兩端微尖的麵條。

27 將麵條黏貼在黃色眼睛外圈各一，捏合兩端。

28 取白色麵糰 10g，搓成長 17cm 兩端微尖的麵條。

29 用細筆桿，在麵條中間來回搓細。

30 將上顎鬃毛中間對準兩眼下方，兩端沿著臉蛋黏貼。

31 取紫色麵糰 3g，搓成長 4cm 兩端微尖的麵條。

32 用細筆桿，在麵條中間來回搓細。

[鼻子] ▶▶

33 將鬍鬚中間黏貼在上顎鬃毛與眼圈之間。

34 用翻糖工具（圓球形）將鬍鬚中間壓入。

35 取紅色麵糰 1g，滾圓。

36 黏貼在紫色麵條中間的凹陷處。

Chapter **6** 中式節慶 147

[耳朵] ▸▸

37 取白色麵糰 3g、粉紅色麵糰 1g，各自搓成梭形。

38 將粉紅色麵糰黏貼在白色麵糰上。

39 用切麵刀稍微壓扁，對切成一對耳朵。

40 將耳朵黏貼在頭部左右側面。

[頭冠] ▸▸

41 用牙籤稍微按壓，貼合麵糰。

42 取黃色麵糰擀成麵片，壓入花形壓模。

43 拿掉多餘的麵片，取出花朵麵片。

44 取紅色麵糰，搓成水滴狀。

[鬃毛] ▸▸

45 用切麵刀切除寬端。

46 花朵麵片黏貼在頭部中間。

47 直立黏貼紅色麵糰成頭冠。

48 用美容剪刀將上顎鬃毛、眼圈、耳朵的白色麵糰剪成毛茸茸狀。

//// **C** 發酵 ////

電鍋外鍋倒入 10 米杯水，加熱至 45°C（微冒煙），轉保溫，架蒸籠，放入麵糰，蓋上鍋蓋，待麵糰膨脹至原本尺寸的兩倍大小。詳見「基礎製作流程 3」。

//// **D** 蒸製 ////

電鍋按下加熱鍵，水滾後放入發酵好的饅頭，蒸 12 分鐘，關閉電源，燜 5～7 分鐘，取出成品放涼。詳見「基礎製作流程 4」。

//////////// **E** 上色 ////////////

49 用翻糖工具（球莖形）沾黑色麵糊，蓋印在綠色眼球上。

50 用牙籤沾白色麵糊，點在瞳孔上成反光。

財神爺刈包

Caishen

材料 Ingredients

- 膚色麵糰 167g
- 紅色麵糰 55g
- 黃色麵糰 15g
- 紫色麵糰 6g
- 黑色麵糰 7g
- 白色麵糰 3.5g
- 紅麴粉少許
- 黑色墨汁少許

[臉蛋] ▶ 膚色麵糰 55g
[官帽] ▶ 紅色麵糰 17g
　　　　 黃色麵糰 5g
　　　　 紫色麵糰 2g
[嘴巴] ▶ 紅色麵糰 0.5g
[鬍子] ▶ 黑色麵糰 2g
[鼻子] ▶ 粉紅色麵糰 1g
[眉毛] ▶ 黑色麵糰 0.5g × 2
[耳朵] ▶ 膚色麵糰黃豆大小 × 2
[瞇瞇眼] ▶ 黑色麵糰綠豆大小 × 2
[牙齒] ▶ 白色麵糰少許
[額頭佛珠] ▶ 紅色麵糰綠豆大小

工具 Tools

擀麵棍、切麵刀、翻糖工具（葉片形）、細筆桿、粗筆桿、圓形壓模（直徑 6cm、4cm、2cm）、粉餅筆、細筆刷、牙籤

流程

調色 ▸ 塑型 ▸ 發酵 ▸ 蒸製 ▸ 上色

A 調色

1 取白色麵糰 3.5g，加入少許紅麴粉，揉勻成粉紅色麵糰。

B 塑型

[臉蛋] ▶▶

2 取膚色麵糰 55g，搓揉排氣成光滑麵糰，用手掌虎口，靠在桌面上滾圓。

3 再搓成長 6cm 的橢圓形。

4 用切麵刀稍微壓扁。

Chapter 6 — 中式節慶

5 用擀麵棍擀成 13cm×6cm 的橢圓形麵片。

6 將麵片光滑面朝下，前後對折，中間夾入饅頭紙。

7 用細筆桿橫著輕壓在麵片下方 1/3 處。

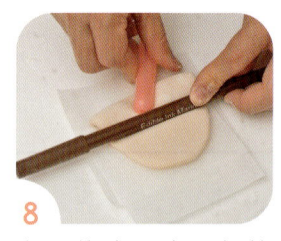

8 在下緣中間處用粗筆桿壓著，筆頭固定左右搖擺，凸出左右臉頰。

[官帽] ▶▶

[牙齒] ▶▶

9 取紅色麵糰擀成厚 0.3cm 的麵片，壓入直徑 6cm 圓形壓模。

11 拿掉多餘的麵片，用切麵刀切除 1/3 的圓形麵片。

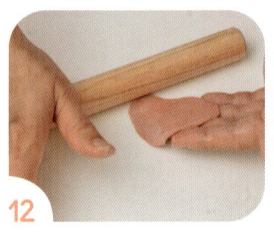

12 用擀麵棍將麵片邊緣擀薄。

13 將紅色麵片黏貼在臉蛋開口上緣 1/4 處並往內折。

14 將超出的麵片完整包覆。

15 取黃色麵糰擀成厚 0.3cm 的麵片，切成長 10cm 的長條狀。

16 用擀麵棍將兩端擀薄。

17 覆蓋黏貼住紅色麵片與臉蛋的接口處。

18 並將超出的麵片往內包覆。

19 取紅色麵糰擀成厚 0.5cm 的麵片，壓入直徑 4cm 圓形壓模。

21 拿掉多餘的麵片，再用圓形壓模切除 1/3 的圓形麵片。

22 切口刷水黏貼在頂端。

[嘴巴] ▶▶

23 取 2 份紅色麵糰 3g，搓成水滴狀。

24 將尖端稍微壓扁。

25 黏貼在黃色麵糰下方，左右各一。

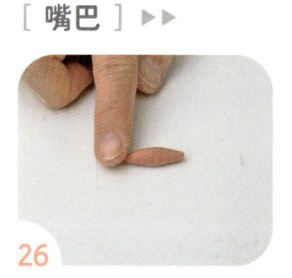

26 取紅色麵糰 1g，搓成長 1cm 的梭形。

[鬍子] ▶▶

27 用手掌稍微壓扁。

28 用切麵刀切對半成兩片（舌頭）。

29 取一片黏貼在臉蛋麵糰凹痕。

30 取黑色麵糰 2g，搓成長 6cm 兩端尖細的細麵條。

[鼻子] ▶▶

31 用細筆桿將中間搓滾出凹槽。

32 黏貼在嘴巴上方，並將麵條往下彎曲。

33 用翻糖工具（葉片形）壓入嘴巴。

34 取粉紅色麵糰 1g，滾圓。

[眉毛] ▶▶

35 黏貼在鬍子中間。

36 取 2 份黃豆大小的黑色麵糰，搓成水滴狀。

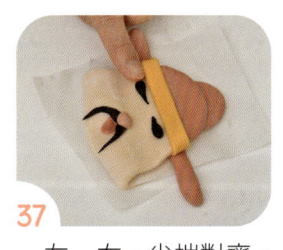

37 一左一右，尖端對齊，黏貼在帽緣下方。

38 取綠豆大小的紅色麵糰，滾圓。

Chapter 6 — 中式節慶

[耳朵] ▶▶

39 黏貼在眉毛中間處點綴。

40 取 2 份黃豆大小的皮膚麵糰，搓成水滴狀。

41 用翻糖工具（葉片形）壓出耳朵的形狀。

42 黏貼在臉蛋左右兩側。

[瞇瞇眼] ▶▶

43 取黑色麵糰綠豆大小，搓 2 條一端尖細的長麵條。

44 黏貼在鼻子左右兩側，並將細端稍微上折。

[官帽裝飾] ▶▶

45 取紫色麵糰擀成厚 0.3cm 的麵片，壓入直徑 2cm 的圓形壓模。

47 拿掉多餘的麵片，黏貼在官帽的中央處。

[腮紅] ▶▶

48 用粉餅筆沾取紅麴粉，在兩頰刷上腮紅。

[牙齒] ▶▶

49 取白色麵糰少許擀成麵片，切成長條狀。

50 再切出長方型麵片。

51 用切麵刀在中間處壓出紋路。

52 黏貼在嘴巴上緣。

//// **C** 發酵 ////

電鍋外鍋倒入 10 米杯水，加熱至 45°C（微冒煙），轉保溫，架蒸籠，放入麵糰，蓋上鍋蓋，待麵糰膨脹至原本尺寸的兩倍大小。詳見「基礎製作流程 3」。

//// **D** 蒸製 ////

電鍋按下加熱鍵，水滾後放入發酵好的饅頭，蒸 12 分鐘，關閉電源，燜 5～7 分鐘，取出成品放涼。詳見「基礎製作流程 4」。

//// **E** 上色 ////

53 取出，用細筆刷沾黑色墨汁，在官帽裝飾寫上「財」字，回蒸 3 分鐘。

152

成品份量
×3個

Tips

官帽上的財字,也可以取黃色麵糰搓成細長麵條,用牙籤製作成金錢符號。

成品份量
×6個

中秋月餅
Mooncake

材料 Ingredients
- 棕色麵糰 270g
- 紅豆沙餡 108g
- 紅麴粉 1g
- 黃金起司粉 1g
- 水 5g

[月餅餅皮] ▶ 棕色麵糰 45g
[月餅內餡] ▶ 紅豆沙餡 18g

工具 Tools
擀麵棍、切麵刀、50g 月餅壓模、水彩筆

流程
塑型 → 上色 → 發酵 → 蒸製

A 塑型

1 將棕色麵糰用擀麵棍擀成 18cm×15cm 的長方形。

2 翻面，光滑面朝下，下方接口處稍微擀薄。

3 由上方捲起並以手指壓緊，重複動作一次。

4 往下捲起（不必捲太緊）成圓柱狀。

5 用切麵刀平均分切成 6 等份。

6 將切口朝下，用切麵刀稍微壓扁。

7 用擀麵棍擀成圓形麵片。

8 再將邊緣擀薄，擀成直徑 8cm。

Chapter 6 — 中式節慶 155

9 麵片中央放上紅豆沙餡 18g。

10 一手拇指壓著內餡，另一手捏合麵皮。

11 使麵皮包覆內餡，收口捏緊。

12 收口處朝下，用手掌圓。

13 用雙手搓成圓柱狀。

14 麵糰收口處朝下，放入月餅壓模。

15 將底部麵糰稍微壓平。

16 一手壓住壓模固定在桌面，另一手按壓。

17 將麵糰推出壓模，放在饅頭紙上。

B 上色

18 將紅麴粉、黃金起司粉、水混合拌勻，用水彩筆在表面刷上深淺紋路。

C 發酵

電鍋外鍋倒入 10 米杯水，加熱至 45°C（微冒煙），轉保溫，架蒸籠，放入麵糰，蓋上鍋蓋，待麵糰膨脹至原本尺寸的兩倍大小。詳見「基礎製作流程 3」。

D 蒸製

電鍋按下加熱鍵，水滾後放入發酵好的饅頭，蒸 12 分鐘，關閉電源，燜 5～7 分鐘，取出成品放涼。詳見「基礎製作流程 4」。

Tips

- 壓入月餅壓模要多出力一些，讓紋路更明顯，蒸製後的成品才不會紋路模糊。
- 烤焦色液的調色過程需要分次酌量加入材料，可以先畫在白紙上，觀察顏色再做調整。

招財福袋
Fortune bag

材料 Ingredients
- 紅色麵糰 200g
- 藍色麵糰 8g
- 紫色麵糰 12g
- 綠色麵糰 8g
- 黃色麵糰 24g
- 紅豆內餡 120g

[袋子] ▶ 紅色麵糰 50g
[綁繩] ▶ 黃色麵糰 5g
[綠葉] ▶ 綠色麵糰 1g × 2
[花朵] ▶ 藍色麵糰 2g
[錢幣] ▶ 紫色麵糰 3g
　　　　黃色麵糰 1g

工具 Tools
擀麵棍、細緞帶、翻糖工具（貝殼形、圓球形）、圓形壓模（直徑 3cm）、牙籤

流程
塑型 → 組合 → 發酵 → 蒸製

A 塑型

[袋子] ▶▶

1 取紅色麵糰 50g，搓揉排氣成光滑麵糰，用手掌虎口，靠在桌面上滾圓。

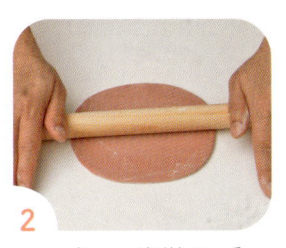

2 用切麵刀稍微壓扁，再擀成直徑 12cm 的圓形麵片。

3 麵片光滑面朝下，放上紅豆內餡 30g。

4 將麵片往上包起內餡，並一邊折疊成皺褶。

5 在開口往下1.5cm處，用細緞帶綁住定型。

[綁繩] ▶▶

6 取黃色麵糰 5g，搓成長 15cm 的細麵條。

[綠葉] ▶▶

7 取 2 份綠色麵糰 1g 搓成水滴狀，稍微壓扁。

8 用牙籤壓出葉脈紋路。

Chapter 6 — 中式節慶

[花朵] ▶▶

9
取藍色麵糰 2g，搓成長 10cm 的細麵條。

10
用擀麵棍擀平成薄麵片。

11
用翻糖工具（貝殼形）壓出波浪紋路。

12
一手捏著底端，邊轉動麵片。

13
另一隻手一邊捲一邊折成花朵。

[錢幣] ▶▶

14
紫色麵糰擀成光滑麵片，用直徑 3cm 圓形壓模，壓成出圓形麵片。

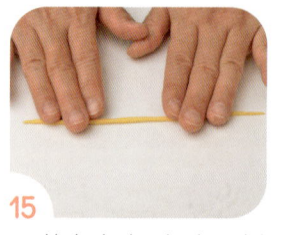

15
取黃色麵糰少許，搓成細長麵條 3 條。

B 組合

16
黃色綁繩繞袋子一圈，用翻糖工具（圓球形）按壓固定交叉處。

17
交叉處左右黏貼上綠葉麵片。

18
花朵黏貼在綠葉之間，用牙籤撥開花瓣。

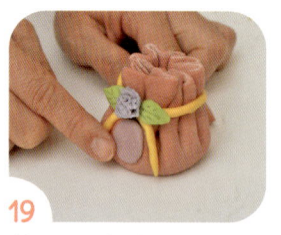

19
花朵下方黏貼上錢幣麵片。

20
用黃色麵條圍繞紫色麵片一圈。

21
中間用黃色麵條黏貼成 $ 的符號。

C 發酵

電鍋外鍋倒入 10 米杯水，加熱至 45°C（微冒煙），轉保溫，架蒸籠，放入麵糰，蓋上鍋蓋，待麵糰膨脹至原本尺寸的兩倍大小。詳見「基礎製作流程 3」。

D 蒸製

電鍋按下加熱鍵，水滾後放入發酵好的饅頭，蒸 12 分鐘，關閉電源，燜 5～7 分鐘，取出成品放涼。詳見「基礎製作流程 4」。

Tips

袋子雙面撒上少許手粉，可以避免麵片沾黏，讓福袋皺褶更分明。

成品份量
×4個

成品份量
×6個

櫻花壽桃

Longevity peach

材料 Ingredients

- 白色麵糰 382g
- 棗式豆沙餡 150g
- 棕色麵糰 42g
- 綠色麵糰 48g
- 紅麴粉適量
- 紅色食用色素膏適量
- 米酒適量

[壽桃] ▶ 白色麵糰 60g
[綠葉] ▶ 綠色麵糰 4g × 2
[樹幹] ▶ 棕色麵糰 7g
[白花] ▶ 白色麵糰 1g × 3
　　　　　粉紅色麵糰黃豆大小 × 3

工具 Tools

擀麵棍、切麵刀、小花壓模、大湯匙、噴水瓶、翻糖工具（星形）

流程

調色 → 塑型 → 1次發酵 & 蒸製 → 上色 →

塑型 → 2次發酵 & 蒸製

A 調色

1 取白色麵糰 4g，加入紅麴粉，揉勻成粉粉紅色麵糰。

B 塑型

2 取白色麵糰 60g，搓揉排氣成光滑麵糰，用手掌虎口，靠在桌面上滾圓。

3 用切麵刀稍微壓扁。

4 用擀麵棍擀成圓麵片。

5 再將邊緣擀薄，擀成直徑 10cm。

6 麵片中央放上棗式豆沙餡 25g。

7 一手拇指壓著內餡，另一手捏合麵皮。

8 使麵皮包覆內餡，收口捏緊。

Chapter 6 — 中式節慶

9 收口處朝下，用手掌虎口滾圓。

10 用雙手搓成圓柱狀。

11 收口朝外，用雙手手掌搓揉。

12 用雙手手掌將頂端搓尖。

//// **C 上色** //// //// **D 塑型** ////

13 放在饅頭紙上，進行發酵、蒸製。

14 取出，趁熱用大湯匙壓出桃子的線條。

15 紅色食用色素膏、米酒混合拌勻，裝入噴水瓶，噴在表面。

16 取 2 份綠色麵糰 4g，搓成長水滴狀。

17 用切麵刀稍微壓扁。

18 用擀麵棍擀成麵片。

19 用切麵刀壓出葉脈紋路。

20 塗上三秒膠麵糊，黏貼在桃子底側。

21 取棕色麵糰 5g，搓成長水滴狀（樹幹）。

22 取棕色麵糰 2g，搓成梭狀。

23 用切麵刀對切成兩半。

24 切口處稍微壓扁（樹枝）。

25 桃子中間黏貼上樹幹。

26 樹幹左右黏貼上樹枝。

27 取白色麵糰，用擀麵棍擀成麵片。

28 壓入小花壓模。

29 拿掉多餘的麵片，取出小花麵片 3 片。

30 取 3 份黃豆大小的粉紅色麵糰，滾圓。

31 放在小花麵片中間，用手指壓扁。

32 翻糖工具（星形）插入麵片正中間。

E 發酵

電鍋外鍋倒入 10 米杯水，加熱至 45℃（微冒煙），轉保溫，架蒸籠，放入麵糰，蓋上鍋蓋，待麵糰膨脹至原本尺寸的兩倍大小。詳見「基礎製作流程 3」。

F 蒸製

電鍋按下加熱鍵，水滾後放入發酵好的饅頭，蒸 12 分鐘，關閉電源，燜 5～7 分鐘，取出成品放涼。詳見「基礎製作流程 4」。

33 將麵片往上壓出皺摺。

34 黏貼在上樹枝上。

Tips

· 紅色食用色素要分多次慢慢加入，依個人喜好調整顏色。
· 噴水瓶選用細緻噴頭，噴色時要離麵糰有一定的距離，顏色才會均勻。

Chapter 6 — 中式節慶

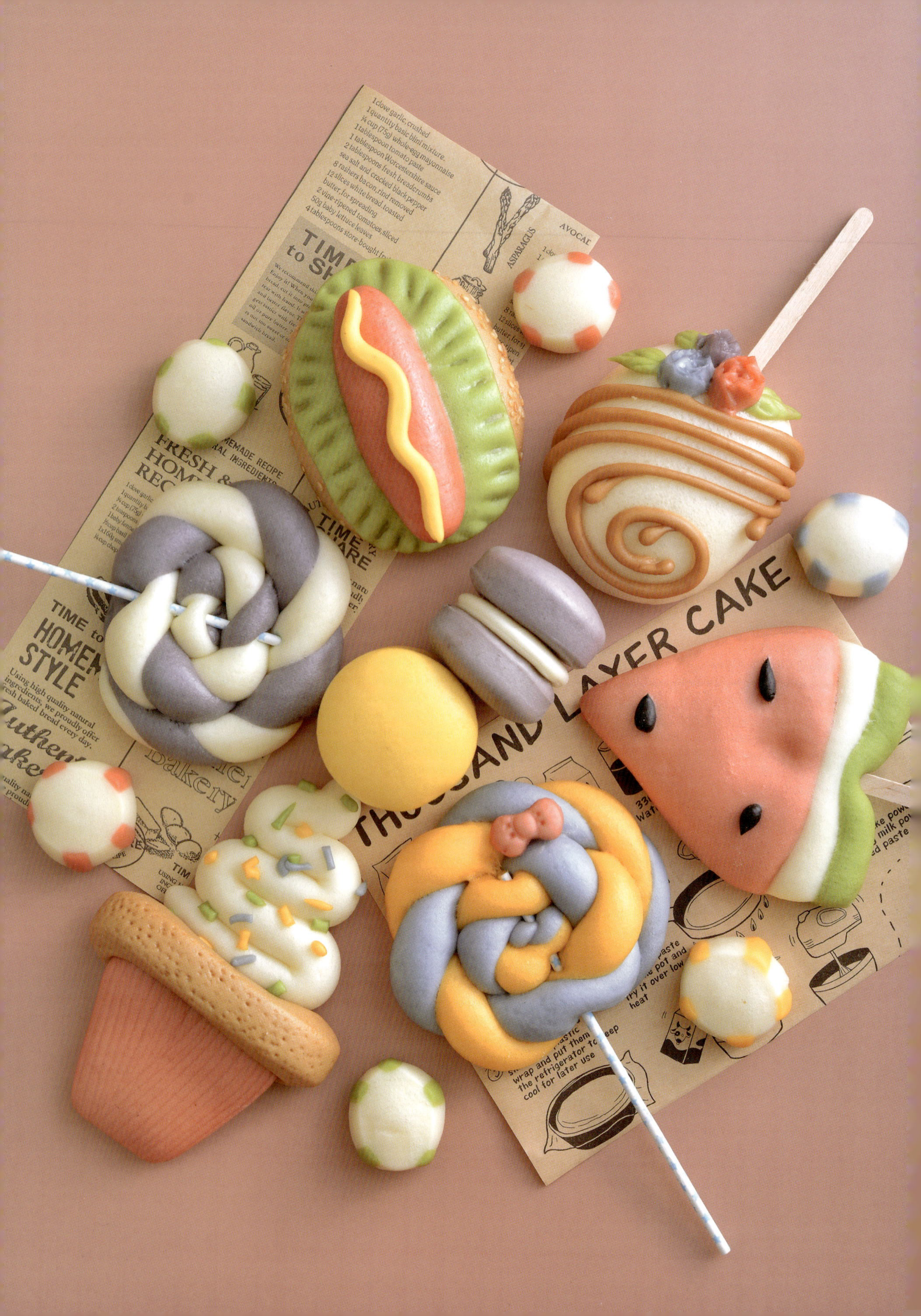

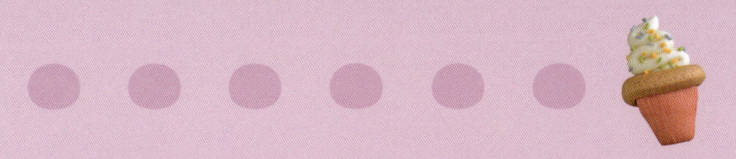

Chapter

7

大快朵頤

變身
令人垂涎欲滴
的食物造型
饅頭！

　　肚子咕嚕咕嚕叫了嗎？麵糰將變身為一道道令人垂涎欲滴的食物造型饅頭，如色彩繽紛的法式甜點馬卡龍、Q彈可口的一口軟糖、香甜誘人的奶油杯子蛋糕，還有童趣十足的捲捲棒棒糖。不只甜點，我們還將製作出飽足感滿點的美式熱狗堡，清涼消暑的夏日西瓜冰棒，以及婚禮上最歡迎的永浴愛河雪糕。就讓我們盡情發揮創意，大飽眼福也大快朵頤！

成品份量
×14個

馬卡龍 Macaron

材料 Ingredients
- 黃色麵糰 400g
- 白色麵糰 130g
- 三秒膠麵糊少許

[外殼] ▶ 黃色麵糰 13g × 2
[夾心] ▶ 白色麵糰 7g

工具 Tools
擀麵棍、圓形壓模（直徑 4cm）

流程

塑型 → 1次發酵 & 蒸製 → 塑型 → 組合 → 2次發酵 & 蒸製 → 組合

A 塑型

1. 黃色麵糰用擀麵棍擀成厚 1cm 的麵片。

2. 用直徑 4cm 的圓形壓模，壓成圓形麵片（外殼）。

B 發酵

取蒸籠，鋪上蒸籠布，等距放上麵糰，進行發酵。詳見「基礎製作流程 3」。

C 蒸製

電鍋按下加熱鍵，水滾後放入發酵好的饅頭，蒸 12 分鐘，關閉電源，燜 5～7 分鐘，取出成品放涼。詳見「基礎製作流程 4」。

D 塑型

3. 將白色麵糰用擀麵棍擀成厚 0.3cm 的麵片。

4. 用直徑 4cm 的圓形壓模，壓成圓形麵片（夾餡）。

E 組合

5. 外殼光滑面朝下，用三秒膠麵糊黏合夾餡，進行二次發酵&蒸製。

F 組合

6. 取出，用三秒膠麵糊黏合，覆蓋上外殼，回蒸 3 分鐘。

Chapter 7 — 大快朵頤

成品份量
×18個

一口QQ軟糖

Gummy

材料 Ingredients

- 白色麵糰 150g
- 紅色麵糰 50g

[白色軟糖] ▶ 白色麵糰 8g
[紅色軟糖] ▶ 紅色麵糰 2g

工具 Tools

擀麵棍、菜刀、切麵刀

流程

塑型 ▶ 組合 ▶ 分割 ▶ 發酵 ▶ 蒸製

A 塑型

1 將白色麵糰150g用擀麵棍擀成30cm×10cm的長方形麵片。

2 翻面，將下方稍微擀薄，表面噴水。

3 由上方捲起，手指壓緊，重複動作一次。

4 由上往下捲起成圓柱狀。

5 搓成表面光滑的長條狀。

6 將紅色麵糰50g用擀麵棍擀成30cm×6cm的長方形麵片。

7 用菜刀分切成5條長麵條。

8 白色麵條表面噴水。

Chapter 7 大快朵頤 169

/////////////// Ⓑ **組合** ///////////////

9
用切麵刀將麵糰左右兩端不平整處,切除約1cm。

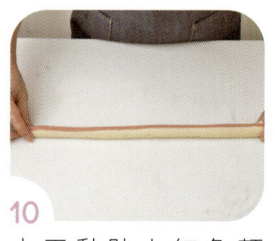

10
水平黏貼上紅色麵條。

11
重複動作,將紅色麵條都等距黏貼上。

12
將麵條兩端多出來的不平整處切除。

//// Ⓒ **分割** ////

13
用雙手將麵條搓長至50～60cm。

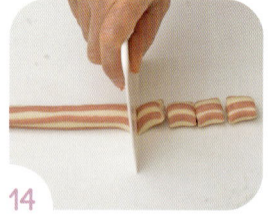

14
以切麵刀每長度約2cm切段。

15
用手指稍微搓圓成圓柱狀。

//// Ⓓ **發酵** ////

取蒸籠,鋪上蒸籠布,等距放上麵糰,進行發酵。詳見「基礎製作流程 3」。

//// Ⓔ **蒸製** ////

電鍋按下加熱鍵,水滾後放入發酵好的饅頭,蒸12分鐘,關閉電源,燜5～7分鐘,取出成品放涼。詳見「基礎製作流程 4」。

Tips
- 成品尺寸長短或大小,可依個人喜好調整,但不要過長,避免麵條斷裂。
- 糖果條紋能用不同顏色的麵糰,搭配各種顏色來變化。

奶油杯子蛋糕 Cupcake

材料 Ingredients

- 紅色麵糰 170g
- 棕色麵糰 72g
- 白色麵糰 80g
- 藍色麵糰少許
- 黃色麵糰少許
- 綠色麵糰少許

[杯身] ▶ 紅色麵糰 40g
[蛋糕] ▶ 棕色麵糰 18g
[奶油] ▶ 白色麵糰 20g
[巧克力米] ▶ 藍色麵糰少許
　　　　　　　黃色麵糰少許
　　　　　　　綠色麵糰少許

工具 Tools

擀麵棍、切麵刀、圓形壓模（直徑7cm）、牙籤

流程

塑型 ▶ 組合 ▶ 發酵 ▶ 蒸製

A 塑型

[杯身] ▶▶

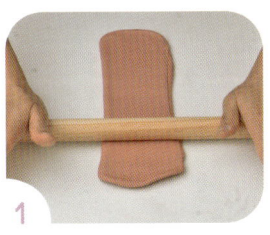

1 取紅色麵糰擀成長28cm×寬7cm×厚0.6cm的長方形麵片。

2 用直徑7cm圓形壓模，壓出圓形麵片。

3 用切麵刀將圓形麵片切出2cm的杯底。

4 再切出左右兩條5cm的斜刀。

[蛋糕] ▶▶

5 然後切出4.5cm的杯口。

6 用切麵刀壓出紙杯條紋。

7 取棕色麵糰18g用擀麵棍擀成光滑麵片。

8 翻面，光滑面朝下，由上往下捲，手指壓緊，捲成長條狀。

Chapter 7 — 大快朵頤　171

[奶油] ▶▶

9
用雙手向左右搓長至 9cm 的麵條，尺寸能包覆杯口即可。

10
用擀麵棍將左右兩端 1cm 擀薄。

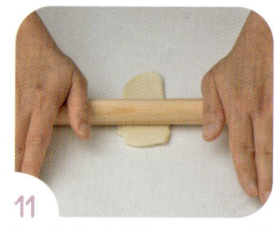

11
取白色麵糰 20g 用擀麵棍擀成光滑麵片。

12
翻面，光滑面朝下，由上往下捲，手指壓緊，捲成長條狀。

[巧克力米] ▶▶

//// **B 組合** ////

13
搓長至 23cm、兩端稍微搓尖的麵條。

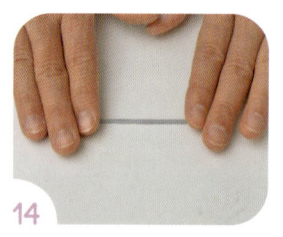

14
取藍色、黃色、綠色麵糰少許，各別搓成細條狀。

15
用切麵刀切成數小段。

16
蛋糕放在杯口繞到背面黏貼固定。

17
用數支牙籤成一搓，戳出蛋糕的氣孔紋路。

18
將白色麵條依紅色麵糰杯口寬度，來回彎曲從下往上堆疊。

19
白色麵條尾端稍微翹出來。

20
白色麵條撒上藍色、黃色、綠色麵糰段。

//// **C 發酵** ////

電鍋外鍋倒入 10 米杯水，加熱至 45°C（微冒煙），轉保溫，架蒸籠，放入麵糰，蓋上鍋蓋，待麵糰膨脹至原本尺寸的兩倍大小。詳見「基礎製作流程 3」。

//// **D 蒸製** ////

電鍋按下加熱鍵，水滾後放入發酵好的饅頭，蒸 12 分鐘，關閉電源，燜 5～7 分鐘，取出成品放涼。詳見「基礎製作流程 4」。

Tips

蛋糕杯上可製作可愛造型來裝飾，如蝴蝶結、愛心等。

成品份量
×4個

Histoire de France

Le Palais de Versailles et
l' histoire

成品份量
×4個

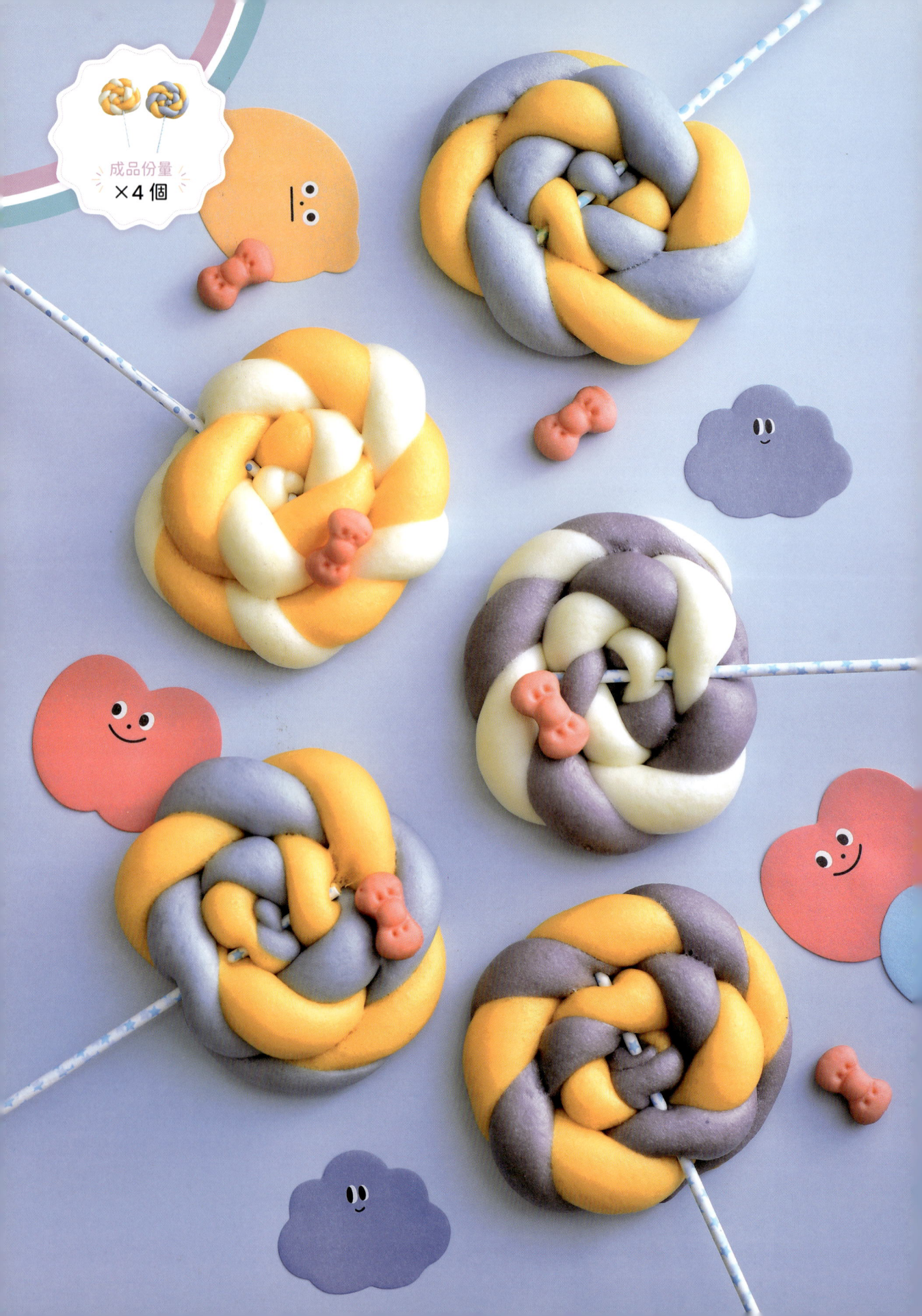

捲捲棒棒糖
Lollypop

材料 Ingredients
- 黃色麵糰 100g
- 藍色麵糰 100g
- 棒棒棍 4 支

[藍色糖果] ▶ 藍色麵糰 25g
[黃色糖果] ▶ 黃色麵糰 25g

工具 Tools
擀麵棍、切麵刀

流程
塑型 ▶ 組合 ▶ 發酵 ▶ 蒸製

A 塑型

[杯身] ▶▶

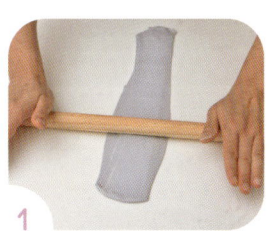

1 將藍色麵糰 100g 用擀麵棍擀成 80cm×4cm 的麵片。

2 由長邊捲起，手指壓緊，重複動作一次，往下捲起。

3 用雙手搓滾成長條狀。

4 用切麵刀，分切成 4 等份，各長 20cm。

5 將黃色麵糰 100g 用擀麵棍擀成 80cm×4cm 的麵片。

6 由長邊捲起，手指壓緊，重複動作一次，往下捲起。

7 用雙手搓滾成長條狀。

8 用切麵刀，分切成 4 等份，各長 20cm。

Chapter 7 — 大快朵頤

B 組合

9 將黃色麵條、藍色麵條的搓成兩端微尖的30cm條狀。

10 將兩色麵條尖端刷水。

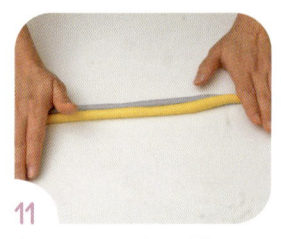

11 將兩色麵條並排，兩端接在一起。

12 一手向前一手向後，滾動麵條捲成麻花狀。

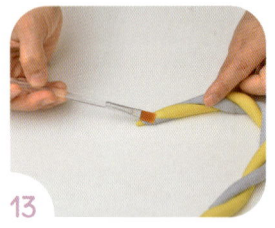

13 其中一邊的尾端刷上水。

14 一手固定麵條尾端，另一手將麵條往內盤繞捲起。

15 最後一小截先刷上水。

16 再黏貼固定住。

C 發酵

17 取棒棒棍從麵糰側邊，輕輕插入至 2/3 的深度。

電鍋外鍋倒入10米杯水，加熱至45°C（微冒煙），轉保溫，架蒸籠，放入麵糰，蓋上鍋蓋，待麵糰膨脹至原本尺寸的兩倍大小。詳見「基礎製作流程3」。

D 蒸製

電鍋按下加熱鍵，水滾後放入發酵好的饅頭，蒸12分鐘，關閉電源，燜5～7分鐘，取出成品放涼。詳見「基礎製作流程4」。

Tips

- 依個人喜好另外製作蝴蝶結、花朵來裝飾。
- 棒棒糖的顏色自由變化做搭配。

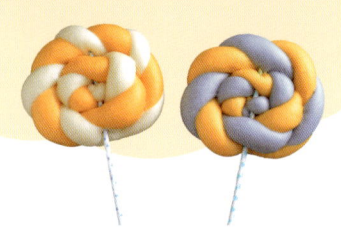

美式熱狗堡
Hot dog

Ingredients 材料
- 棕色麵糰 235g
- 綠色麵糰 60g
- 紅色麵糰 60g
- 黃色麵糰 10g
- 熟白芝麻粒 25g

[大亨堡麵包] ▶ 棕色麵糰 47g
[美生菜葉] ▶ 綠色麵糰 12g
[熱狗] ▶ 紅色麵糰 12g
[黃芥末] ▶ 黃色麵糰 2g

Tools 工具
擀麵棍、切麵刀、細筆桿、翻糖工具（圓錐形）

流程
塑型 ▶ 組合 ▶ 發酵 ▶ 蒸製

A 塑型

[大亨堡麵包] ▶▶

1 取棕色麵糰 47g，搓揉排氣成光滑麵糰，用手掌虎口，靠在桌面上滾圓。

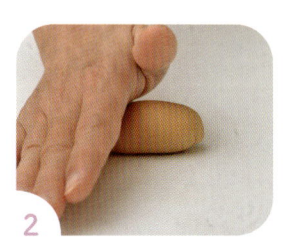

2 再搓成長 6.5cm 的橢圓形。

3 用細筆桿在麵糰中間按壓出凹槽。

[美生菜葉] ▶▶

4 取綠色麵糰 12g，搓揉排氣成光滑麵糰，用手掌虎口，靠在桌面上滾圓。

5 再搓成長 6cm 的橢圓形。

6 用切麵刀稍微壓扁。

7 用擀麵棍擀至能覆蓋麵包麵糰的尺寸。

8 外緣用翻糖工具（圓錐形）壓出一圈皺褶。

Chapter 7 大快朵頤 177

[熱狗] ▶▶

9 取紅色麵糰 12g，搓揉排氣成光滑麵糰，用手掌虎口，靠在桌面上滾圓。

10 再搓成長 7cm 的橢圓形。

[黃芥末] ▶▶

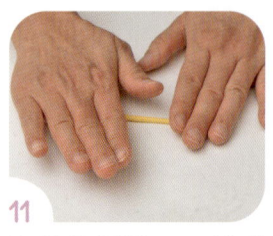

11 取黃色麵糰 2g，搓成長條狀。

//// **B** 組合 ////

12 棕色麵糰表面噴上，再將綠色麵片覆蓋上去。

13 用手指輕壓凹槽，讓麵糰貼合。

14 綠色麵糰凹槽刷水，放上紅色麵條。

15 將黃色麵條以彎曲波浪狀黏貼在紅色麵條上。

16 大亨堡麵包表面噴水。

17 沾黏上熟白芝麻。

//// **C** 發酵 ////

電鍋外鍋倒入 10 米杯水，加熱至 45℃（微冒煙），轉保溫，架蒸籠，放入麵糰，蓋上鍋蓋，待麵糰膨脹至原本尺寸的兩倍大小。詳見「基礎製作流程 3」。

//// **D** 蒸製 ////

電鍋按下加熱鍵，水滾後放入發酵好的饅頭，蒸 12 分鐘，關閉電源，燜 5～7 分鐘，取出成品放涼。詳見「基礎製作流程 4」。

成品份量
×5個

成品份量
×6個

夏日西瓜冰棒
Popsicle

材料 Ingredients

- 紅色麵糰 280g
- 白色麵糰 40g
- 綠色麵糰 50g
- 黑色麵糰 10g
- 棒棒棍 6 支

[西瓜紅肉] ▶ 紅色麵糰 40g
[西瓜白肉] ▶ 白色麵糰 6.5g
[西瓜皮] ▶ 綠色麵糰 8g
[西瓜籽] ▶ 黑色麵糰 1.5g

工具 Tools

擀麵棍、切麵刀、圓型壓模（直徑 15cm）、披薩刀

流程

塑型 ▶ 組合 ▶ 發酵 ▶ 蒸製

A 塑型

[西瓜紅肉] ▶▶

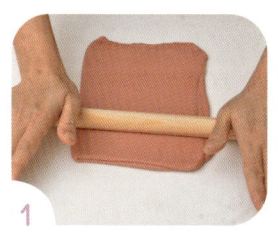

1 將紅色麵糰擀麵棍擀成 16cm 的正方形麵糰。

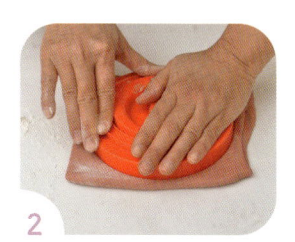

2 用直徑 15cm 的圓型壓模，壓出形狀。

3 再用披薩刀沿著壓模切割成圓形麵片。

[西瓜白肉] ▶▶

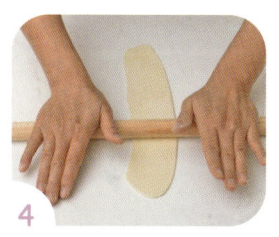

4 將白色麵糰用擀麵棍擀成 30cm×4cm 的長麵片。

5 由長邊捲起，手指壓緊，重複動作一次，往下捲起。

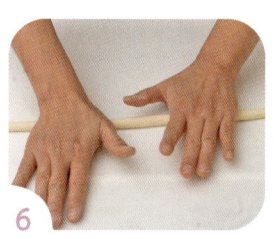

6 用雙手向左右搓長至 46cm。

7 將白色麵條兩端約 2cm 稍微擀扁。

[西瓜皮] ▶▶

8 將綠色麵糰用擀麵棍擀成 30cm×4cm 的長麵片。

Chapter 7 — 大快朵頤

[西瓜籽] ▶▶

9 由長邊捲起，手指壓緊，重複動作一次，往下捲起。

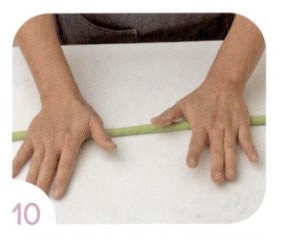

10 用雙手向左右搓長至60cm。

11 將綠色麵條兩端約2cm稍微擀扁。

12 取綠豆大小的黑色麵糰，搓成水滴狀。

Ⓑ 組合

13 紅色圓形麵片外緣刷水，將白色麵條繞上，接口處重疊黏合。

14 白色麵條外緣刷水，將綠色麵條繞上，接口處重疊黏合。

15 用擀麵棍稍微擀勻，讓麵糰更貼合。

16 用切麵刀分切成6等份。

17 取冰棒棍從麵糰側邊，輕輕插入至一半的深度。

18 在紅色麵糰上，不規則黏貼上黑色水滴麵糰。

Ⓒ 發酵

電鍋外鍋倒入10米杯水，加熱至45℃（微冒煙），轉保溫，架蒸籠，放入麵糰，蓋上鍋蓋，待麵糰膨脹至原本尺寸的兩倍大小。詳見「基礎製作流程3」。

Ⓓ 蒸製

電鍋按下加熱鍵，水滾後放入發酵好的饅頭，蒸12分鐘，關閉電源，燜5～7分鐘，取出成品放涼。詳見「基礎製作流程4」。

Tips
將紅色麵糰換成黃色，就能製作出黃西瓜冰棒。

永浴愛河雪糕

Ice cream

Ingredients 材料

- 白色麵糰 150g
- 棕色麵糰 30g
- 綠色麵糰 9g
- 紅色麵糰 6g
- 藍色麵糰 6g
- 紫色麵糰 6g
- 冰棒棍 3 支

[雪糕] ▶ 白色麵糰 50g
[焦糖醬] ▶ 棕色麵糰 10g
[綠葉] ▶ 綠色麵糰 1g × 3
[玫瑰花] ▶ 紅色麵糰 2g
　　　　　藍色麵糰 2g
　　　　　紫色麵糰 2g

Tools 工具

擀麵棍、切麵刀、翻糖工具（貝殼形）、牙籤

流程

塑型 → 組合 → 發酵 → 蒸製

A 塑型

[雪糕] ▶▶

1 取白色麵糰 50g，搓揉排氣成光滑麵糰，用手掌虎口，靠在桌面上滾圓。

2 再搓成長 7cm 的橢圓形。

3 用切麵刀稍微壓扁。

4 取冰棒棍從麵糰側邊，輕輕插入至一半的深度。

[焦糖醬] ▶▶

5 取棕色麵糰 9g 擀成麵片，分切成 3 條 2g、1 條 3g。

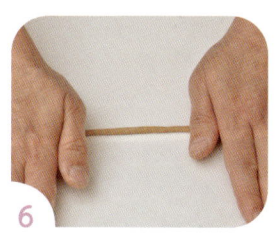

6 2g 搓至長 10cm，3g 搓至長 15cm。

7 取 4 份紅豆大小的棕色麵糰，搓成水滴狀。

[綠葉] ▶▶

8 取 3 份黃豆大小的綠色麵糰，搓成水滴狀。

Chapter 7 — 大快朵頤　183

[玫瑰花] ▶▶

9 用手指稍微壓平成麵片。

10 用牙籤壓出葉脈紋路。

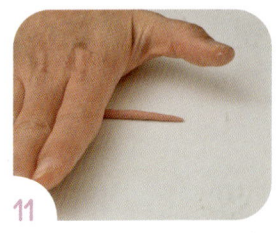

11 取紅色、藍色、紫色麵糰各 2g，搓成長 10cm 的細麵條。

12 用擀麵棍擀平成薄麵片。

///// **B** 組合 /////

13 用翻糖工具（貝殼形）壓出波浪紋路。

14 一手捏著底端，邊轉動麵片。

15 另一隻手一邊捲一邊折成玫瑰花。

16 10cm 條狀焦糖從雪糕的 1/3 處往前排列黏貼。

17 兩端成 S 彎曲，用牙籤黏貼在側邊。

18 15cm 條狀焦糖順著排列，尾端盤繞成螺旋。

19 水滴焦糖用牙籤黏貼在條狀上成螺旋紋路。

20 3 片綠葉黏貼在雪糕的下方。

///// **C** 發酵 /////

電鍋外鍋倒入 10 米杯水，加熱至 45℃（微冒煙），轉保溫，架蒸籠，放入麵糰，蓋上鍋蓋，待麵糰膨脹至原本尺寸的兩倍大小。詳見「基礎製作流程 3」。

///// **D** 蒸製 /////

電鍋按下加熱鍵，水滾後放入發酵好的饅頭，蒸 12 分鐘，關閉電源，燜 5～7 分鐘，取出成品放涼。詳見「基礎製作流程 4」。

21 玫瑰花黏貼在綠葉上，用牙籤撥開花瓣。

成品份量
×3個

失敗原因解惑 Q&A

製作饅頭所需的材料雖然不多,但「造型」饅頭必須掌握一些技巧,每個步驟、流程都要謹慎注意不可馬虎,才能避免失敗。以下是慈芳老師以十多年的豐富經驗,解析造型饅頭的操作關鍵,為大家解開眾多的疑問,希望能讓讀者朋友們從新手變成高手,避開挫折。

失敗成品　表皮扁塌皺縮

原因:

- **發酵過度:** 饅頭是透過酵母的活性作用,將空氣灌進麵糰之中,讓麵糰變得膨脹、輕薄,產生蓬鬆綿密的口感,但酵母發酵過度,灌進太多空氣,則會失去支撐力,蒸煮後成品就會塌陷、皺縮,口感微硬沒彈性。
- **熱漲冷縮:** 成品剛蒸煮完畢時,如果立刻開蓋,由於鍋內溫度與室外溫度相差太大,成品未達到定型的狀態,就可能導致表皮瞬間冷縮。

失敗成品　局部死麵、整個死麵

成品出現透明深色,像粿一樣沒彈性,口感會黏牙的麵皮,俗稱「死麵」。

原因:

- **若成品局部出現以上症狀:** 表示蒸煮過程中,饅頭局部被滴到水,或麵糰發酵完畢時,受到擠壓,破壞酵母的活性,無法恢復原狀所致。
- **若成品整個出現以上症狀:** 表示成品發酵不足,就進行蒸製,或蒸籠中的成品數量太多,或是蒸籠離沸水太近,蒸氣太強,燙死酵母所致。

失敗成品　表面有局部凹洞

原因:

- **麵糰排氣不完全:** 麵糰在整型之前,沒有確實完全排氣,導致麵糰內局部殘留空氣。
- **麵糰筋性過於緊緻:** 麵糰搓揉或壓延過度,造成筋性過於緊緻,導致麵糰發酵不均衡,出現局部膨脹後又回縮的現象。

···· 索引 Index ····

造型饅頭難易度一覽表

為了讓新手、老手饅友都能善用本書，快速上手，特地製作此索引表，透過難易度分類，再依照造型饅頭的名稱依首字筆劃由少至多排序。

[初階] ▶▶

一口QQ軟糖 P.168	大鼻子粉紅豬豬 P.62	中秋月餅 P.154	奶油杯子蛋糕 P.171	向日葵小蜜蜂 P.78
招財貓咪刈包 P.52	夏日西瓜冰棒 P.180	浪漫玫瑰 P.82	破殼小雞 P.36	馬卡龍 P.166

[中階] ▶▶

捲捲棒棒糖 P.174	聖誕花圈 P.128	蝸牛起士捲 P.85	小老鼠雙色饅頭 P.57	永浴愛河雪糕 P.183
百變插花馬卡龍 P.88	乳牛甜甜圈 P.44	招財福袋 P.157	花園瓢蟲 P.74	美式熱狗堡 P.177
黑美人西瓜 P.94	新鮮火龍果 P.98	聖誕雪人 P.133	聖誕馴鹿 P.123	萬聖節南瓜 P.138

[高階] ▶▶

叢林小獅王 P.48	千層螺旋花包 P.112	松鼠最愛玉蜀黍 P.102	胡蘿蔔抱抱兔 P.108	財神爺刈包 P.149
惹人憐愛小白貓 P.66	聖誕老公公刈包 P.118	舞獅刈包 P.144	貓頭鷹甜甜圈 P.40	櫻花壽桃 P.160

187

低音雙軸款攪拌機

低音直流馬達
操作更安靜、省電

MX-505S

- 金屬機身齒輪,兼顧質感及耐用
- 7公升大容量,柔和線條外型
- 乾粉最多800克,蛋白最少1顆
- 可擴充多款配件(壓麵器等)
- 電機 保固三年

【39x24x35(cm) / 8kg】

	MX-505P 經典單軸款	MX-505S 靜音雙軸款
空轉分貝	1檔 70dB ~ 6檔 80dB	1檔 60dB ~ 6檔 78dB (音量低沉)
攪拌轉軸	單軸	雙軸 (未來可使用雙攪拌鉤)
馬 達	交流馬達	直流馬達
顏色選擇	天空藍 / 象牙白	薰衣草紫 / 玫瑰粉 / 象牙白
額定功率	600W	300W

ハンの鍋

廚房 Kitchen 0155

萌力膨發！造型饅頭

6大主題吸睛造型，從基礎技法、電鍋發酵&蒸製，到揉入自製蔬果泥的各色麵糰、多種口味內餡，蒸出視覺味覺雙重享受，為餐桌注入繽紛樂趣！

作　　　者	張慈芳
總 編 輯	鄭淑娟
編　　　輯	李冠慶
行銷主任	邱秀珊
攝　　　影	周禎和
美術設計	張芷瑄
內頁排版	初雨有限公司（ivy_design）
烹飪助手	陳淑美、楊佩佩、蔡俊杰

出 版 者	日日幸福事業有限公司
電　　　話	(02) 2368-2956
傳　　　真	(02) 2368-1069
地　　　址	106 台北市和平東路一段10號12樓之1
郵撥帳號	50263812
戶　　　名	日日幸福事業有限公司
法律顧問	王至德律師
電　　　話	(02) 2773-5218
發　　　行	聯合發行股份有限公司
電　　　話	(02) 2917-8022
印　　　刷	中茂分色印刷股份有限公司
電　　　話	(02) 2225-2627
初版一刷	2025年6月
定　　　價	550元

國家圖書館出版品預行編目(CIP)資料

萌力膨發！造型饅頭：6大主題吸睛造型，從基礎技法、電鍋發酵&蒸製，到揉入自製蔬果泥的各色麵糰、多種口味內餡，蒸出視覺味覺雙重享受，為餐桌注入繽紛樂趣！/張慈芳著. -- 初版. -- 臺北市：日日幸福事業有限公司出版；[新北市]：聯合發行股份有限公司發行, 2025.06
　面；　公分. -- (廚房Kitchen；155)
ISBN 978-626-7414-52-1(平裝)

1.CST: 點心食譜 2.CST: 饅頭

427.16　　　　　　　　　　114004902

版權所有　翻印必究

※ 本書如有缺頁、破損、裝訂錯誤，
　 請寄回本公司更換

精緻好禮大相送，都在日日幸福！

只要填好讀者回函卡寄回本公司（直接投郵），您就有機會獲得以下大獎。

獎項內容

パンの鍋（胖鍋）
桌上型攪拌機 MX-505P
（顏色隨機）
市價 10,800 元／2 名

パンの鍋（胖鍋）
真空包裝機 VA-201
（顏色隨機）
市價 4,380 元／1 名

大同
多功能食物調理機
TJC-F200A7
市價 3,290 元／1 名

義大利 CUOCO
富貴紅限量版鈦晶岩
平底鍋 28cm
市價 1,180 元／6 名

參加辦法

只要購買《萌力膨發！造型饅頭》，填妥書中「讀者回函卡」（免貼郵票）於 2025 年 09 月 20 日（郵戳為憑）寄回【日日幸福】，本公司將抽出以上幸運獲獎的讀者，得獎名單將於 2025 年 10 月 01 日公佈在：
日日幸福臉書粉絲團：https://www.facebook.com/happinessalwaystw

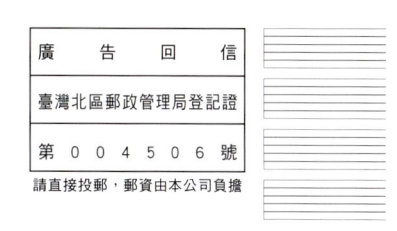

廣告回信
臺灣北區郵政管理局登記證
第 004506 號
請直接投郵，郵資由本公司負擔

10643
台北市大安區和平東路一段10號12樓之1
日日幸福事業有限公司　收

請沿虛線剪下，黏貼好後，直接投入郵筒寄回

讀 者 回 函 卡

感謝您購買本公司出版的書籍，您的建議就是本公司前進的原動力。請撥冗填寫此卡，我們將不定期提供您最新的出版訊息與優惠活動。

▶ --

姓名：＿＿＿＿＿＿＿＿ 性別：□男 □女 出生年月日：民國＿＿年＿＿月＿＿日
E-mail：＿＿＿＿＿＿＿＿＿＿＿＿＿＿＿＿＿＿＿＿＿＿＿＿＿＿＿＿＿＿＿
地址：□□□□□ ＿＿＿＿＿＿＿＿＿＿＿＿＿＿＿＿＿＿＿＿＿＿＿＿
電話：＿＿＿＿＿＿＿ 手機：＿＿＿＿＿＿＿ 傳真：＿＿＿＿＿＿＿
職業： □學生　　　　□生產、製造　　□金融、商業　　□傳播、廣告
　　　 □軍人、公務　□教育、文化　　□旅遊、運輸　　□醫療、保健
　　　 □仲介、服務　□自由、家管　　□其他

▶ --

1. 您如何購買本書？□一般書店（　　　　　書店）　□網路書店（　　　　　書店）
　　　　□大賣場或量販店（　　　　　）　□郵購　□其他
2. 您從何處知道本書？□一般書店（　　　　　書店）　□網路書店（　　　　　書店）
　　　　□大賣場或量販店（　　　　　）　□報章雜誌　□廣播電視
　　　　□作者部落格或臉書　□朋友推薦　□其他
3. 您通常以何種方式購書（可複選）？□逛書店　□逛大賣場或量販店　□網路　□郵購
　　　　□信用卡傳真　□其他
4. 您購買本書的原因？　□喜歡作者　□對內容感興趣　□工作需要　□其他
5. 您對本書的內容？　□非常滿意　□滿意　□尚可　□待改進＿＿＿＿＿＿
6. 您對本書的版面編排？　□非常滿意　□滿意　□尚可　□待改進＿＿＿＿＿＿
7. 您對本書的印刷？　□非常滿意　□滿意　□尚可　□待改進＿＿＿＿＿＿
8. 您對本書的定價？　□非常滿意　□滿意　□尚可　□太貴
9. 您的閱讀習慣：(可複選)　□生活風格　□休閒旅遊　□健康醫療　□美容造型　□兩性
　　　　□文史哲　□藝術設計　□百科　□圖鑑　□其他
10. 您是否願意加入日日幸福的臉書（Facebook）？　□願意　□不願意　□沒有臉書
11. 您對本書或本公司的建議：＿＿＿＿＿＿＿＿＿＿＿＿＿＿＿＿＿＿＿＿
＿＿＿＿＿＿＿＿＿＿＿＿＿＿＿＿＿＿＿＿＿＿＿＿＿＿＿＿＿＿＿＿＿＿
＿＿＿＿＿＿＿＿＿＿＿＿＿＿＿＿＿＿＿＿＿＿＿＿＿＿＿＿＿＿＿＿＿＿
＿＿＿＿＿＿＿＿＿＿＿＿＿＿＿＿＿＿＿＿＿＿＿＿＿＿＿＿＿＿＿＿＿＿

註：本讀者回函卡傳真與影印皆無效，資料未填完整即喪失抽獎資格。